图 6-3　运行结果

图 6-12　运行结果

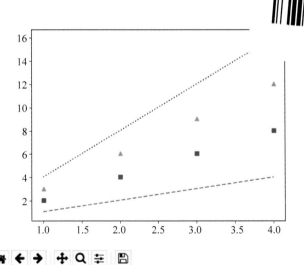

图 8-6　运行结果

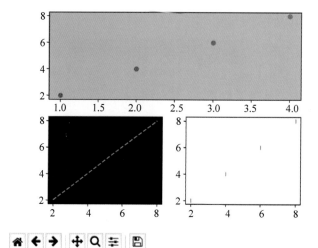

图 8-7　运行结果

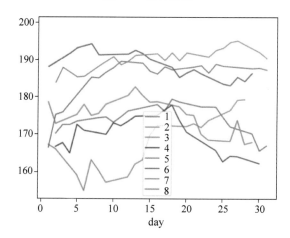

图 16-18　每月的开盘价

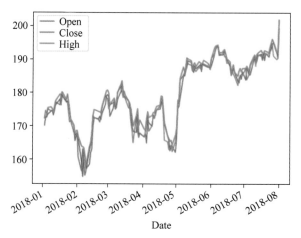

图 16-19　依照开盘、收盘、最高价绘出

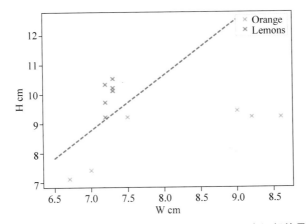

图 19-2 柠檬和橙子的长度、宽度关系图以及程序运行结果

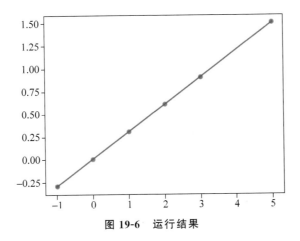

图 19-6 运行结果

图 20-3 从左到右,分别是鸢尾花的 setosa、virginica、versicolor

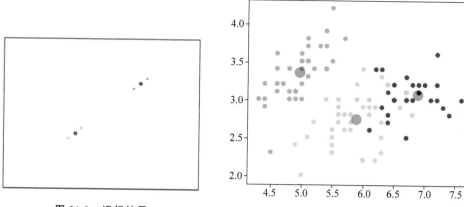

图 21-2　运行结果

图 21-3　运行结果

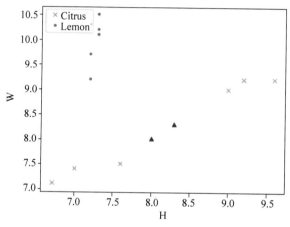

图 24-1　运行结果

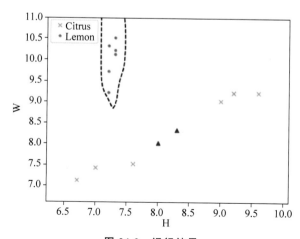

图 24-2　运行结果

人工
智能

科学与技术丛书

MACHINE LEARNING WITH PYTHON

LEARNING 150 EXCELLENT PROJECTS STEP BY STEP

Python

机器学习 手把手教你

掌握150个精彩案例 （微课视频版）

柯博文◎编著
Powen Ko

清华大学出版社

北京

内 容 简 介

本书由浅入深、图文并茂地介绍了 Python 机器学习方面的相关内容，并通过 150 多个实际案例，手把手地教会读者掌握用 Python 语言进行机器学习相关项目开发的方法与技巧。书中包含 Python 语言基础内容、机器学习、人工智能、TensorFlow、Keras、OpenCV 等相关 API 的使用方法，给出的每个案例都可以单独运行，可进行二次开发。

为了提高学习效果，本书为所有案例提供了完整的微课视频和程序代码文件，获取方式见前言。

本书适合学习机器学习算法的初学者，对机器学习、人工智能感兴趣的学生和从业者，以及进行机器学习相关项目开发的工程师阅读参考。

图书在版编目（CIP）数据

Python 机器学习：手把手教你掌握 150 个精彩案例：微课视频版/柯博文编著. —北京：清华大学出版社，2020.8（2022.1 重印）

（人工智能科学与技术丛书）

ISBN 978-7-302-55395-3

Ⅰ．①P… Ⅱ．①柯… Ⅲ．①软件工具－程序设计 Ⅳ．①TP311.561

中国版本图书馆 CIP 数据核字（2020）第 068548 号

责任编辑：刘 星
封面设计：李召霞
责任校对：焦丽丽
责任印制：朱雨萌

出版发行：清华大学出版社

      网 址：http://www.tup.com.cn，http://www.wqbook.com
      地 址：北京清华大学学研大厦 A 座   邮 编：100084
      社 总 机：010-62770175   邮 购：010-83470235
      投稿与读者服务：010-62776969，c-service@tup.tsinghua.edu.cn
      质量反馈：010-62772015，zhiliang@tup.tsinghua.edu.cn
      课件下载：http://www.tup.com.cn，010-83470236

印 装 者：三河市龙大印装有限公司

经 销：全国新华书店

开 本：186mm×240mm   印 张：18   彩 插：2   字 数：412 千字

版 次：2020 年 8 月第 1 版   印 次：2022 年 1 月第 2 次印刷

印 数：2501～3500

定 价：69.00 元

产品编号：084952-01

前 言
PREFACE

当全世界都在赞叹人工智机器时代即将到来的同时,对人工智能专业的人才需求急剧增加,大量的高薪职位却找不到人。我们处在这样一个拥有大好机会的人工智能、机器学习时代,为何不给自己一个进入人工智能行列的机会呢? 本书为没有任何程序设计经验的开发者提供一个全新的入口,从基本的 Python 基础语言到人工智能,针对 Python 程序中大量的函数库和重要技术进行详细讲解,结合大量的实际案例与经验,让读者能够快速成为真正能在人工智能时代驰骋的高手。

本书注重 Python 机器学习的实战开发,书中包含 Python、OOP、爬虫、统计、UI、OpenData、网络、JSON、XML、Excel、CSV、大数据分析、机器人机器学习、对话等相关 API 的使用方法,提供了 150 多个案例,每个案例都可以单独运行,读者可直接运用进行二次开发。

书中提供了大量的 Python 程序,用浅显易懂的语言来讲述,并尽量在程序中进行注释和讲解,使读者了解每个程序的动作,也能拥有最多的案例。同时书中在介绍与统计分析相关的机器学习数据分析的程序时,大量使用真实数据进行分析和预测,将程序应用在生活中。

本书基于笔者多年在各大城市教授的 Python、机器学习、人工智能等课程内容,这些内容也是笔者曾在各大企业给工程师们讲授过的,经历过业界顶尖工程师学员的检验,实战多年后才编著成书,也谢谢学员们的鼓励,才能让本书问世。同时,刘星也参与了本书的编写工作。为了让读者阅读和学习时更方便、易懂,语言文字、案例代码和视频都经过反复编写和录制,希望有心向人工智能迈进的您,能够有更棒的学习效果。

最重要的是要感谢购买本书的读者,让笔者有更实质的动力继续写作。在本书的编写过程中,要特别感谢清华大学出版社的编辑,通过多次的邮件和会议沟通,逐字校对,尽心尽力,用最专业的角度推荐写作的方式,就是为了把最好的内容呈现给读者。

笔者才疏学浅且在美国硅谷居住大半辈子,使用中文编写,书中的遣词造句难免不妥,还请各位见谅。本书不仅仅只是书籍,期许能成为工作与学习上的参考宝典。如果在阅读的时候有任何问题,欢迎到笔者网站一同讨论与交流,让学习也可以交互,并且结交更多朋友。

本书配套资源如下：
- 程序代码,请扫描下方二维码下载。
- 微课视频(420 分钟),请扫描书中各章节对应二维码观看。

程序代码下载

柯博文

于美国硅谷 San Jose

2020 年 2 月

目 录
CONTENTS

程序代码下载

视频讲解：4 个

实例：4 个

视频讲解：3 个

实例：3 个

视频讲解：2 个

实例：2 个

视频讲解：4 个

实例：4 个

## 第 1 章

Python 程序语言

1.1　Python 程序语言的介绍

Python 是跨操作系统的直译式程序语言,当程序运行时,才
将源代码编译成可执行代码。Python 程序语言之所以广受欢迎,
是因为它的程序全部都是未编译的程序,只要用文本软件打开代
码,就可以看到原始程序,一目了然,可以了解它是如何运行的。
图 1-1 为 Python 的 Logo。

图 1-1　Python 的 Logo

1.2　Python 历史

1989 年,位于阿姆斯特丹的 Guido van Rossum 在圣诞假期开发了 Python 程序语言,
其目的是设计出一种提供给非专业程序员使用的计算机语言,同时采取开放策略,使
Python 能够完美结合其他计算机程序语言,如 C、C++、Java 等语言。

Python 可以在不同的操作系统上运行,如 Windows、Mac OS、Linux 等。2020 年 3 月
TIOBE 编程语言排行榜中,Python 位居第三名,仅次于 C 和 Java 语言。

Guido van Rossum 在 CWI 的一个项目中工作,这个分布式操作系统称为变形虫
(Amoeba)。作为曾经 ABC 的程序员(ABC 是一种程序语言),在接收 Bill Venners(2003
年 1 月)的采访时,Guido van Rossum 说:"我记得我所有的经验和对 ABC 语言的一些失
望,所以决定尝试设计一种简单的脚本语言,它将拥有一些比 ABC 更好的属性,但没有
ABC 程序语言的问题。"所以,当 Guido van Rossum 开始设计 Python 程序语言时,创建了
一个简单的虚拟机、一个简单的程序解析器和一个简单的运算功能,同时创建了一个基本的
语法,使用缩进语句来取代大括号,并开发了少量强大的数据类型:字典、列表、字符串和
数字。

1.3 Python 版本

Python 版本虽然一直在升级，但有很多 Python 的开发者还是持续使用旧的版本，这是开源软件中常见的状态，因为很多旧有软件在开发时使用了当时的版本，并未跟随 Python 再度更新。本书在开发时会尽量考虑版本兼容的问题，大多数例程代码会以 Python 3.6.6 的 64 位版本为主，这是为了与 TensorFlow 的 1.12r 版本兼容，请尽量避免使用其他版本。图 1-2 为 Python 的官方网页。

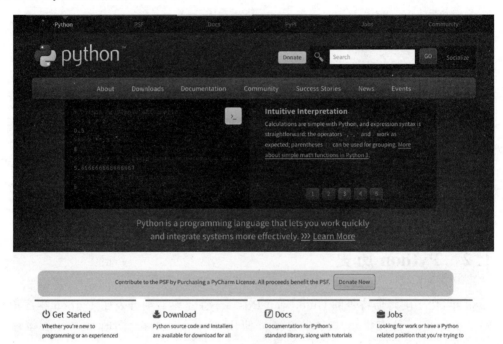

图 1-2 Python 的官方网页

教学视频

第2章 安装和运行 Python 开发环境

CHAPTER 2

2.1 Windows 操作系统中安装 Python

本节将介绍如何在 Windows 操作系统中下载和安装 Python 开发环境,由于各操作系统安装流程不同,请按照实际工作的操作系统选择自己需要的内容来阅读。

1. 进入官方网站

首先打开浏览器输入 https://www. python. org/Python 进入官方网站,并单击 Downloads 进入下载页面,如图 2-1 所示。

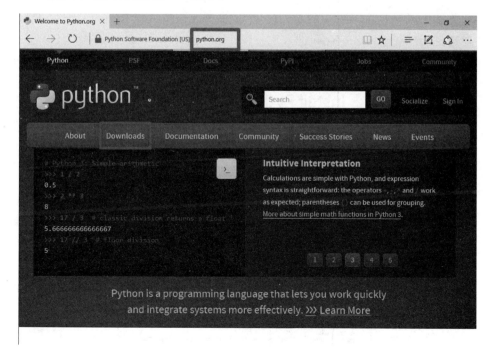

图 2-1　Python 官方网站

2. 下载 Python 3.6.6 的 64 位版本

如图 2-2 所示,在下载页面中,单击下方的 Python 版本列表中 Python 3.6.6 的 64 位版本,即可下载 Python 安装程序。请留意下载的是 Windows x86-64 executable installer。

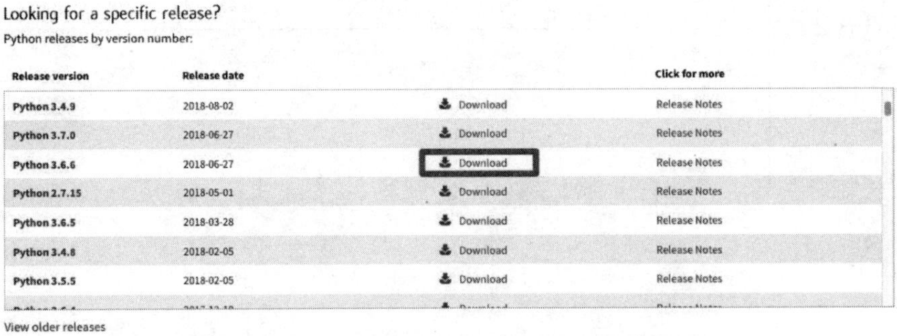

图 2-2　下载 Python 3.6.6 的 64 位版本

3. 安装

等待文件完全下载后单击 Run,如图 2-3 所示,就能进行安装了。

图 2-3　安装

在安装设置页面上,如图 2-4 所示,有一个最重要的选项 Add Python 3.6 to PATH,请一定要勾选,接着单击 Install Now 进入下一步。

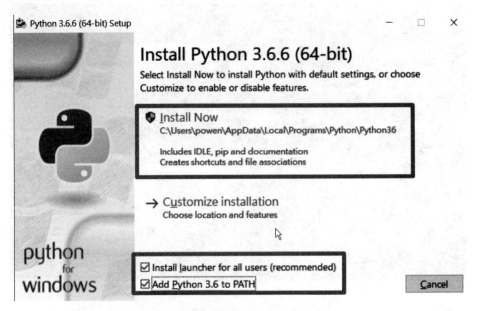

图 2-4　勾选 Add Python 3.6 to PATH

当出现图 2-5 所示页面后，Python 环境便安装成功了。

图 2-5 安装完成

教学视频

2.2 Windows 操作系统中测试与运行 Python

通过 cmd 打开 Command Prompt 模式，如图 2-6 所示。

输入以下指令，如图 2-7 所示，进入开发模式。

```
python
```

如果成功就出现如图 2-8 所示的情况，并且留意图中的 Python 版本编号，这里是 3.6.6 的 64 位版本。如果显示为其他版本，代表使用的计算机上面已经有其他版本的 Python。推荐删除掉其他版本，因为函数库和程序会有部分不兼容的情况。

如果要离开 Python 环境，输入以下指令即可，如图 2-9 所示。

```
exit()
```

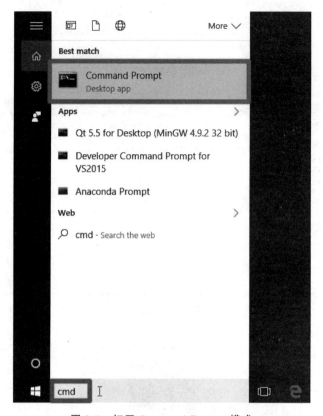

图 2-6 打开 Command Prompt 模式

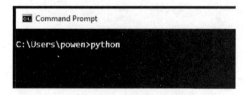

图 2-7 运行 Python 程序

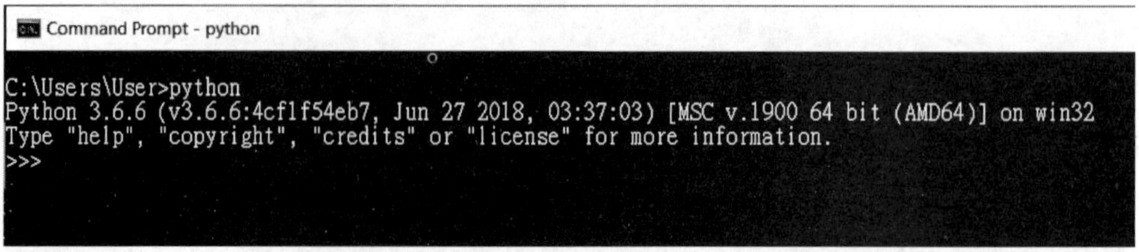

```
Command Prompt - python

C:\Users\User>python
Python 3.6.6 (v3.6.6:4cf1f54eb7, Jun 27 2018, 03:37:03) [MSC v.1900 64 bit (AMD64)] on win32
Type "help", "copyright", "credits" or "license" for more information.
>>>
```

图 2-8 进入 Python

如果未出现图 2-8 所示情况,即找不到 Python,应该是 Windows 路径的问题,导致系统找不到 Python 3,请通过以下方法进行安装。

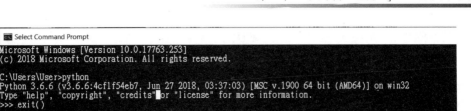

图 2-9 离开 Python

教学视频

1. 找到 python.exe 的路径

（1）如图 2-10 所示，通过 File（文件）寻找 python.exe。

图 2-10 取得 python.exe 的路径

（2）找到 python. exe，右击选择 Properties(属性)。

（3）复制 Location(位置)中的路径。

2．取得 Windows 的路径

（1）如图 2-11 所示，通过 File(文件)在 This PC(我的计算机)上右击选择 Properties
(属性)。

（2）单击 System protection(系统保护)。

（3）单击 Advanced(高级系统设置链接)。

（4）单击 Environment Variables(环境变量)。

（5）在系统变量区段中找到 Path(路径)并加以选择。

（6）单击 Edit(编辑)。

图 2-11　取得 Windows 的路径

图　2-11（续）

3. 新增路径

（1）如图 2-12 所示，单击 New（新增）。

（2）粘贴 python. exe 的路径，以笔者的计算机为例，路径为 C：\User\Powen Ko\AppData\Local\Programs\Python\Python36。

（3）单击 OK（确认）按钮。

另外，还需要把 pip. exe 的路径依照一样的方法加到 Windows 路径中。以笔者的计算机为例，该文件的位置为 C：\User\Powen Ko\AppData\Local\Programs\Python\Python36\Scripts。

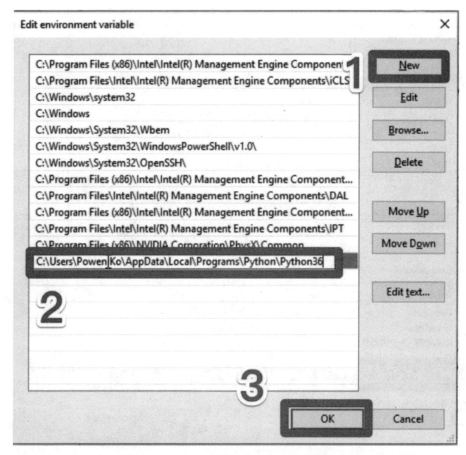

图 2-12　在 Path 中添加 python. exe 的路径

☆注意　Python 的运行文件有 python3. exe 和 python. exe,这是因为早期要区分 python. exe 与 Python 2. x 的版本以及 python3. exe 与 Python 3. x 的版本,但是在 Python 3. 6. 6 中,这两个文件一模一样,读者选择其一运行即可。建议把 Python 其他版本卸载移除,以免版本冲突。

教学视频

2.3　Mac 操作系统中安装 Python

1. 进入官方网站

首先打开浏览器输入 https://www.python.org/Python 进入官方网站，并单击 Downloads 进入下载页面，如图 2-13 所示。

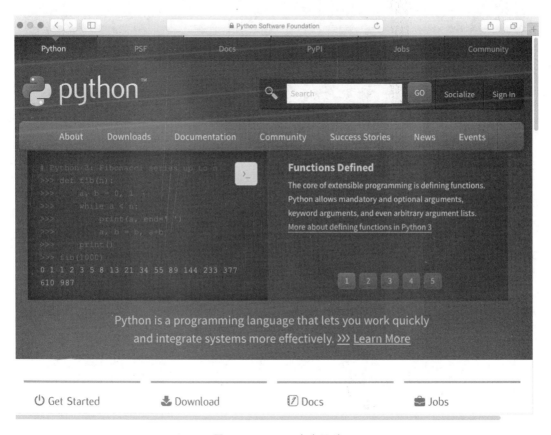

图 2-13　Python 官方网站

2. 下载 Python 安装软件

如图 2-14 所示下载页中，网页会自动判断使用的操作系统并自动切换到 Mac 版本，单击 Python 3.6.6 的 64 位安装软件 macOS 64-bit installer。

3. 安装

等待下载完成后单击 python-3.6.6-macosx10.9.pkg，即可开始安装，如图 2-15 所示。

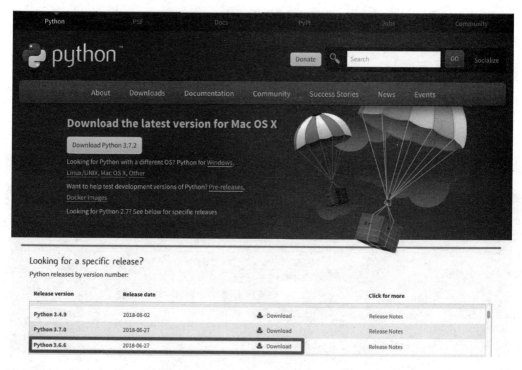

图 2-14   下载 Python 3.6.6 的 64 位版本

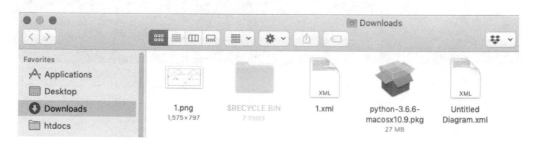

图 2-15   安装

如图 2-16 所示,在 Install Python 安装介绍页面上单击 Continue 继续。

接着在 License 声明版权页面上单击 Continue 继续,并在 Destination Select 安装位置设置页面上使用系统内的位置,单击 Install 进行安装,如图 2-17 所示表示正在安装。

出现如图 2-18 所示页面后,Python 环境便安装成功了。

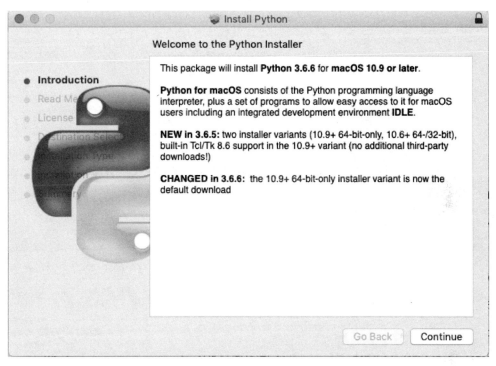

图 2-16　单击 Continue 继续

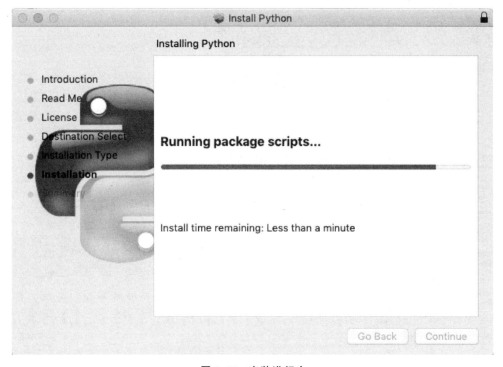

图 2-17　安装进行中

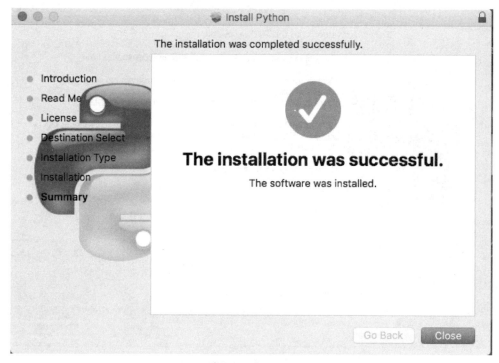

图 2-18　完装完成

教学视频

2.4　Mac 操作系统中测试与运行 Python

通过 Finder 打开 Applications→Utilities→Terminal. app 程序,如图 2-19 所示。
输入以下指令,进入 Python 开发模式,如图 2-20 所示。

```
python3
```

完成后如图 2-21 所示,请留意图中的 Python 版本编号是否为所下载的版本。若 Mac
上原本就有 Python 2 版本,可以把它卸载,或者刻意用 Python 3 的指令强制运行本书所推
荐 Python 3.6.6 的 64 位版本。

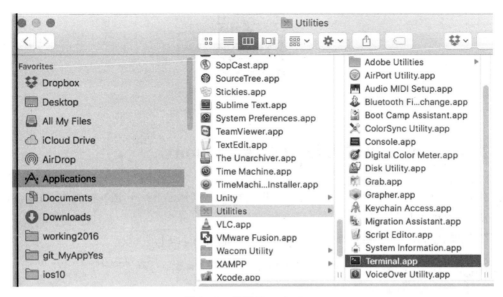

图 2-19　打开 Terminal. app

```
                        ch29 — Python — 70×23
powens-MacBook-Air-2:ch29 powenko$ python3
Python 3.6.6 (v3.6.6:4cf1f54eb7, Jun 26 2018, 19:50:54)
[GCC 4.2.1 Compatible Apple LLVM 6.0 (clang-600.0.57)] on darwin
Type "help", "copyright", "credits" or "license" for more information.
>>>
```

图 2-20　进入 Python 开发模式

```
                        ch29 — ~bash — 70×23
powens-MacBook-Air-2:ch29 powenko$ python
Python 2.7.10 (default, Aug 17 2018, 19:45:58)
[GCC 4.2.1 Compatible Apple LLVM 10.0.0 (clang-1000.0.42)] on darwin
Type "help", "copyright", "credits" or "license" for more information.
>>> exit()
powens-MacBook-Air-2:ch29 powenko$ python3
Python 3.6.6 (v3.6.6:4cf1f54eb7, Jun 26 2018, 19:50:54)
[GCC 4.2.1 Compatible Apple LLVM 6.0 (clang-600.0.57)] on darwin
Type "help", "copyright", "credits" or "license" for more information.
>>> exit()
powens-MacBook-Air-2:ch29 powenko$
```

图 2-21　进入 Python 开发环境

如果要离开 Python 环境，输入以下指令即可。

```
exit()
```

教学视频

2.5 Linux 和树莓派中安装 Python

在 Linux 中也可以运行 Python,这里以树莓派(Raspberry Pi)为例,在 Debian 和 Ubuntu 版本中也是用同样的方法。

在安装 Python 前需要更新系统的 apt-get 安装程序,如下所示:

```
$ sudo apt - get update
$ sudo apt - get upgrade
```

在树莓派的 Rasbian 操作系统上基本都安装有 Python。可以通过以下指令测试是否能进入 Python 环境中。

```
$ python3
```

首先还是要确定一下所使用的树莓派机器是否安装了 Python 3.6.6,所以需要运行以下指令。如果已经安装过,再安装一次不会影响系统,这样才能顺利运行 TensorFlow 中推荐使用的 Python 3.6.6 的 64 位版本和本书的例程代码,如图 2-22 所示。

```
$ sudo apt - get install python3.6
```

```
pi@raspberrypi ~ $ sudo apt-get install python3.6
Reading package lists... Done
Building dependency tree
Reading state information... Done
python3.6 is already the newest version.
0 upgraded, 0 newly installed, 0 to remove and 16 not upgraded.
```

图 2-22 安装 Python

2.6 Linux 和树莓派中测试与运行 Python

在文字模式 terminal 下直接输入下列指令运行。如图 2-23 所示,进入 Python 编辑模式。

```
$    python3
```

```
pi@raspberrypi ~ $ python3
Python 3.6.6 (default, jun 14 2018, 11:20:46)
[GCC 4.6.3] on linux2
Type "help", "copyright", "credits" or "license" for more information.
>>> █
```

图 2-23　运行 Python 编辑模式

进入 Python 编辑模式之后，写一个简单的程序。

```
>>> print("hello world, powenko")
```

程序注释：在这里通过 print 函数可以把括号内的文字打印出来。

运行结果如图 2-24 所示。

```
pi@raspberrypi ~ $ python
Python 2.7.3 (default, Jan 13 2013, 11:20:46)
[GCC 4.6.3] on linux2
Type "help", "copyright", "credits" or "license" for more information.
>>> print("hello world, powenko")
hello world, powenko
>>> █
```

图 2-24　运行结果

通过键盘上的 Ctrl＋Z 快捷键或是通过 exit()指令离开 Python 程序。

教学视频

第 3 章 开发程序和工具

CHAPTER 3

3.1 我的第一个 Python 程序(Windows 版)

Python 的运行方法分成两种,本节将分别进行介绍。

1. 运行 Python 的第一种方法

通过程序集,选择并运行 Command Mode,接着运行以下指令进入 Python 环境。

```
python
```

在 Python 的程序环境中直接输入以下程序,如图 3-1 所示。

```
print("see you again, powenko")
```

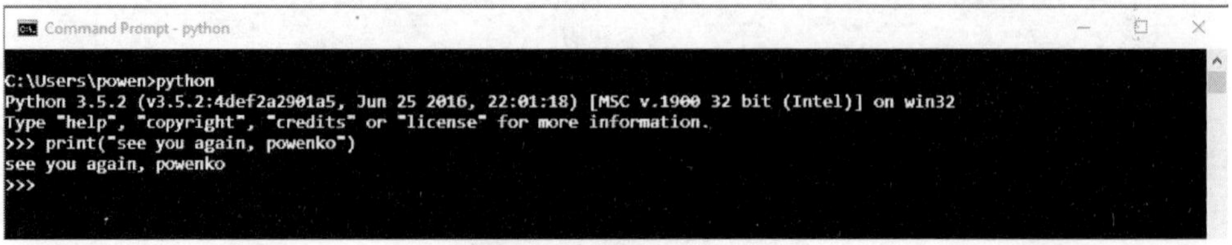
Command Prompt - python
C:\Users\powen>python
Python 3.5.2 (v3.5.2:4def2a2901a5, Jun 25 2016, 22:01:18) [MSC v.1900 32 bit (Intel)] on win32
Type "help", "copyright", "credits" or "license" for more information.
>>> print("see you again, powenko")
see you again, powenko
>>>

图 3-1 直接编写程序

通过这个方法会发现,简单的程序还能这样一行一行地输入,但是如果程序很长或者是需要测试、编写和修改,这个方法就不适合。

输入以下指令可离开 Python 环境。

```
exit()
```

2. 运行 Python 的第二种方法

通过文本编辑工具,先把程序写在纯文本文件中,到时候再告诉 Python 程序去读入这个文本并且运行。

Windows 版的开发者,可以通过记事本等纯文本软件输入程序。在这个纯文本软件中,也写上刚才的程序,并且把它用 UTF-8 文件格式存储为名为 mycode.py 的纯文本文件,如图 3-2 所示。

```
print("see you again, powenko")
```

图 3-2 Windows 版的开发者可以通过记事本输入程序

运行方法:

在 cmd 模式下,移动路径到刚才所写的 mycode.py 所在的位置,并且通过以下指令运行:

```
python mycode.py
```

就能够成功运行 Python 程序,效果如图 3-3 所示。

```
C:\Users\powen>cd Desktop

C:\Users\powen\Desktop>python mycode.py
see you again,powenko

C:\Users\powen\Desktop>
```

图 3-3 Windows 上的运行结果

教学视频

3.2　我的第一个 Python 程序(Mac、Linux 和树莓派版)

同样地,在 Mac、Linux 和树莓派上也可以打开 Terminal 文字模式。直接输入以下指令进入 Python 环境中。

```
$ python
```

或者:

```
$ python3
```

并在 Python 中输入程序:

```
print("see you again, powenko")
```

就能够运行该程序,结果如图 3-4 所示。

```
[pi@raspberrypi:~ $ python
Python 2.7.9 (default, Mar  8 2015, 00:52:26)
[GCC 4.9.2] on linux2
Type "help", "copyright", "credits" or "license" for more information.
[>>> print("see you again, powenko")
see you again, powenko
[>>> exit()
```

图 3-4　树莓派上运行 Python 的程序

另外,Mac、Linux 和树莓派的用户,可以通过文字编辑软件或是内置的 nano 软件,把要运行的程序事先写好,如图 3-5 所示。

```
$ sudo nano mycode.py
```

```
pi@raspberrypi:~/Desktop $ nano mycode.py
```

图 3-5　通过 nano 软件打开 mycode.py 的文件

【实例 1】　mycode.py

```
print("see you again, powenko")
```

使用 nano 软件的 Mac 或树莓派开发者,通过按下 Ctrl+O+Enter 快捷键存储程序,并通过 Ctrl+X+Enter 快捷键离开文字编辑软件 nano,结果如图 3-6 所示。

运行结果:

回到 Terminal 文字模式中,并通过如图 3-7 所示的指令就能够运行该程序。

```
GNU nano 2.2.6                    File: mycode.py                    Modified

print("see you again, powenko")




^G Get Help   ^O WriteOut   ^R Read File  ^Y Prev Page  ^K Cut Text   ^C Cur Pos
^X Exit       ^J Justify    ^W Where Is   ^V Next Page  ^U UnCut Text ^T To Spell
```

图 3-6　用 nano 文字编辑软件编写程序

$ python mycode.py

```
[pi@raspberrypi:~/Desktop $ nano mycode.py
[pi@raspberrypi:~/Desktop $ ls
9x14Leds  day5    hello.py    pi4j-1.0.deb         ser3_LEDOnOff.py
al.jpg    day5B   ledon.py    pwm.py.save          ser4_LEDOnOff_F60.py
day3      day6    mycode.py   RPi.GPIO-0.6.2.tar.gz ser.py
day4      gpio    mycv        ser2_write.py
[pi@raspberrypi:~/Desktop $ python mycode.py
see you again, powenko
pi@raspberrypi:~/Desktop $
```

图 3-7　运行结果

教学视频

3.3　开发和调试工具——PyCharm 下载和安装

Python 的开发和调试工具其实还不少，比较受欢迎的开发工具软件有：

* PyCharm；
* PyDev(Eclipse 的 Python 版本)；

- Thonny；
- Anaconda 的 Spyder。

在此将介绍如何安装和设置 PyCharm，它本身有 Windows、Mac、Linux(包括数莓派)三种版本，在安装和使用方面与其他开发调试工具相比，PyCharm 是最简单的 IDE 开发工具。

下面介绍 PyCharm 的安装过程。

1. 官网

进入 PyCharm 的官方网站 http://www.jetbrains.com/pycharm/，单击 Download 进入下载页面，如图 3-8 所示。

图 3-8　PyCharm 官方网站

2. 下载 Python 的最新版本

网页会自动判断现在的操作系统，并切换到相应的操作系统，单击 Community 下方的 DOWNLOAD 就能够下载最新版本的 PyCharm 开发工具，如图 3-9 所示。当前 Community 社区版是免费使用的，而 Professional 专业版则是一个月的免费试用期，二者功能上的差异是：Professional 专业版提供更多的用于 HTML、JS 和 SQL 的语法编辑功能。

3. 运行安装

等 PyCharm 安装文件完全下载后，单击该文件或单击 Run 运行，就能进行安装，如图 3-10 所示。

图 3-9　下载最新版本的 PyCharm

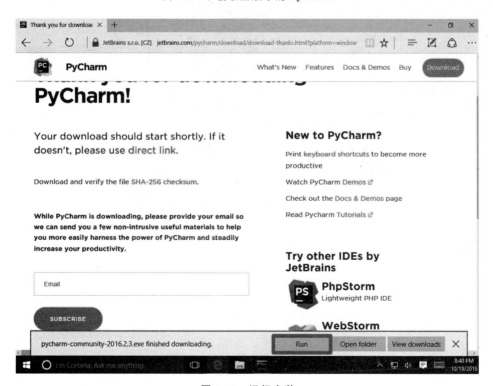

图 3-10　运行安装

4．安装

（1）在安装介绍页面上，单击 Next 继续，如图 3-11 所示。

（2）在安装位置设置页面上，使用系统默认的位置，单击 Next 进入下一步。

（3）勾选 32-bit launcher 创建桌面图标，勾选 .py 指定使用 PyCharm 软件为 .py 文件打开的工具。

（4）创建开始菜单上的名称，单击 Install 继续。

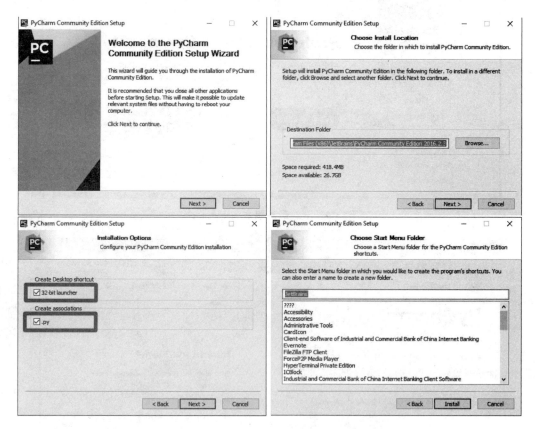

图 3-11　安装软件便会进行安装的动作

5．安装完成

出现图 3-12 之后，整个 PyCharm 安装过程便完成了。

补充说明：Mac、树莓派和 Linux 的用户，也可以使用 PyCharm 软件来开发和测试 Python，安装和设置的方法同在 Windows 环境下类似。

图 3-12　PyCharm 安装完成

教学视频

3.4　PyCharm 工具介绍

双击桌面上的 PyCharm 图标,如图 3-13 所示,打开 PyCharm
软件。

第一次打开时,PyCharm 会询问是否要导入旧版的
PyCharm 设置,如图 3-14 所示,因为是第一次使用,单击 I do not
have···。

而第一次引导会有 JetBrains 版权声明,单击 Accept 同意,如
图 3-15 所示。

图 3-13　PyCharm 图标

图 3-14　导入项目

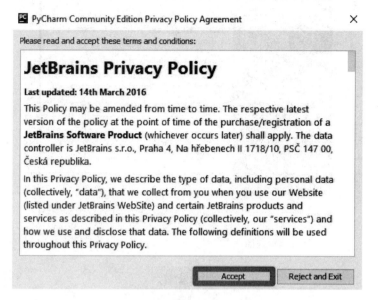

图 3-15　单击 Accept 同意

接下来,PyCharm 会询问外观式样的设置,使用默认值并单击 OK 同意,如图 3-16 所示。

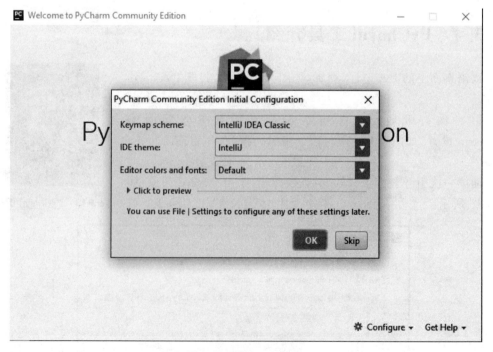

图 3-16　单击 OK 同意

3.5 创建项目

在 PyCharm 主菜单中,如图 3-17 所示,选择 Create New Project 就能创建新的项目。

图 3-17 选择 Create New Project 创建新的项目

在创建项目时,系统会询问如下内容。

- Location,项目位置:存放项目的路径。
- Interpreter,运行 Python 程序的路径位置:在此强烈推荐把路径指向刚刚安装的 Python 3.6.6 的路径,不然会自己多创建一份 Python 程序,在后面通过 pip 安装第三方函数库会带来麻烦。一般来说,位置为 C:\Users\名字\AppData\local\Program\Python\Python 版本编号\Python.exe。

完成后,选择 Create 创建新的项目,如图 3-18 所示。

接着,就会进入 PyCharm 主系统,如图 3-19 所示,需要创建 Python 脚本进行开发。单击左边的项目名称,在弹出菜单中选择 New→Python File。

设置 Python 脚本的名称,如图 3-20 所示,这里使用的是 mypython.py。

在新增的 mypython.py 文件中编写以下程序,如图 3-21 所示。

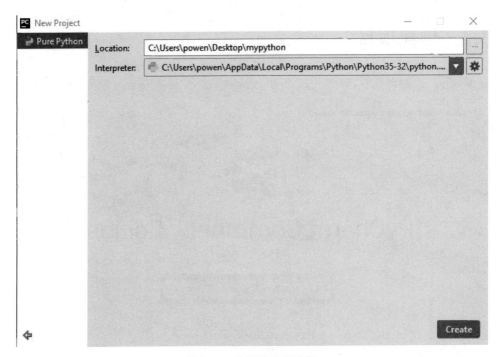

图 3-18 为项目设置路径

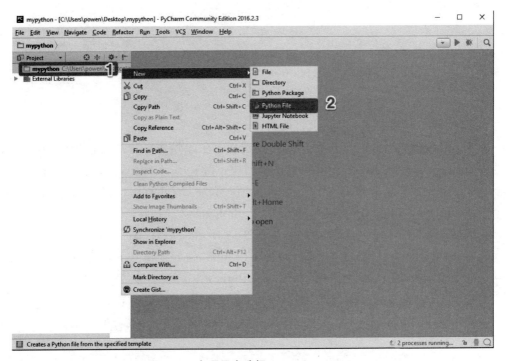

图 3-19 在项目中选择 New→Python File

图 3-20 指定 Python 脚本名称为 mypython.py

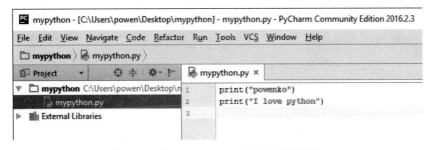

图 3-21 在 mypython.py 文件中编写程序

【**实例 2**】 mypython.py

```
1.  print("powenko")
2.  print("I love python")
```

运行程序时需要给项目指定主程序,如图 3-22 所示,单击左边的 mypython.py,在弹出菜单中选择 Run 'mypython'。

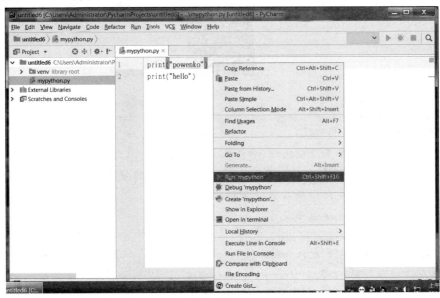

图 3-22 在 mypython.py 中选择 Run 'mypython' 运行程序

运行结果:

运行编译的结果会出现在最下方的 Console 窗口中,如果有错误,如图 3-23 所示,也会出现在同一个地方。

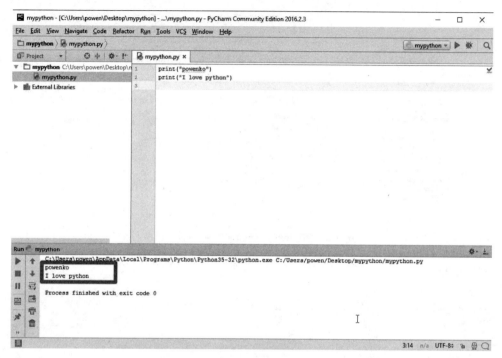

图 3-23　运行结果

教学视频

使用书中配套代码的方法:

以后只要打开一个项目,找到书中配套的 xxx.py 代码文件,通过鼠标拖放到 PyCharm 的程序区中,就会自动打开,并且通过刚刚讲述的方法就能运行和调试。此种方式相当方便,不再需要新增项目并进行设置而浪费时间。

本书所有的代码,也请依照此方法开发和测试。

补充说明:请通过以下方法,确认运行 python.exe 的位置。这个动作很重要,因为 PyCharm 在新增项目时,会复制整套 Python 软件到项目中,如此一来,以后再安装第三方函数库 pip 时,会常常发生找不到相对应函数库的问题。

如图 3-24 所示,选择 File→Settings。

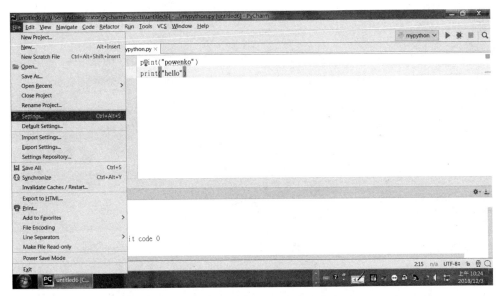

图 3-24 选择 File→Settings

接着,如图 3-25 所示选择 Settings→Project：xxx→Project Interpreter,选择刚刚安装的 Python 3.6.6,这样可以确认此项目用的是同一个 Python,完毕后单击 OK。如果找不到,重新开机,或者通过单击 Show All 自行指定 python.exe。

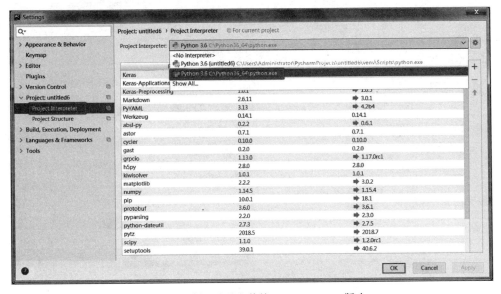

图 3-25 选择刚刚安装的 Python 3.6.6 版本

3.6 调试

PyCharm 最方便的是调试功能。为了能进入调试模式,在程序的数字后方单击一下,会出现如图 3-26 所示的圆圈,指定程序断点。相同方法重新做一遍就能删除断点。

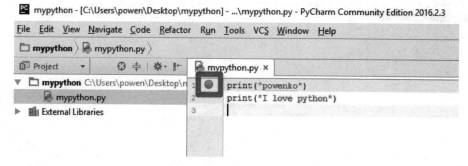

图 3-26 指定程序断点

如何进入调试模式呢? 如图 3-27 所示,进行以下操作。

(1) 在程序的空白处右击。

(2) 在弹出的菜单中选择 Debug 'mypython'。

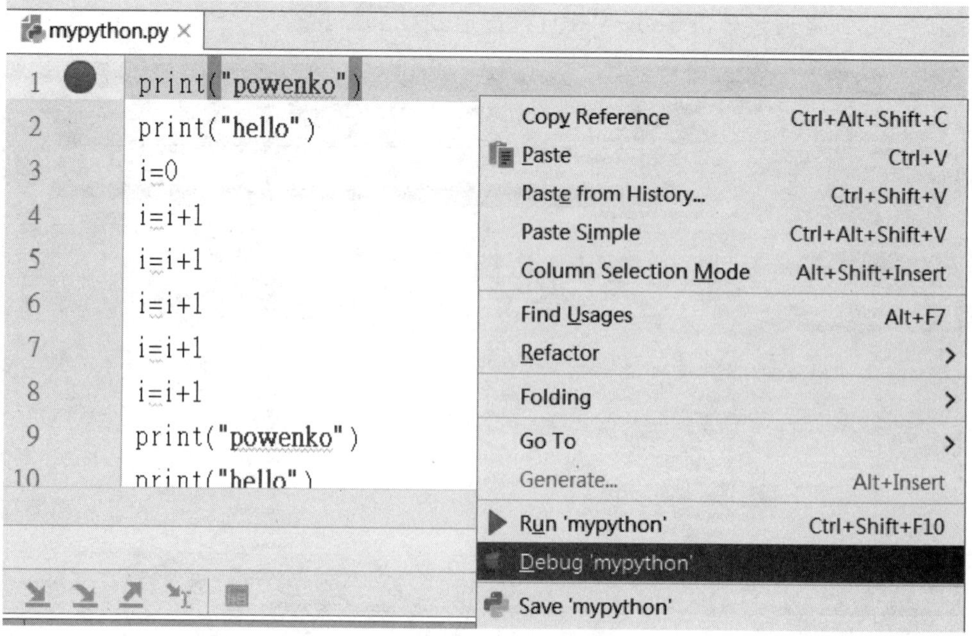

图 3-27 进入调试模式

只要程序中有指定断点,程序就会停在那个位置。而 PyCharm 软件会进入调试的画面,如图 3-28 所示,以下是开发者较为常用的功能。

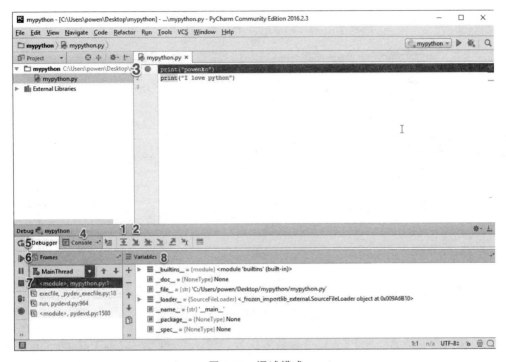

图 3-28　调试模式

(1) 一次运行一行。

(2) 进入函数内。

(3) 用蓝底白字表示现在程序运行的位置。

(4) 切换到 Console 查看程序输出的结果。

(5) 重新运行程序。

(6) 继续运行,直到遇到下一个断点或运行完成。

(7) 停止调试模式。

(8) 查看现在程序的变量状态。

3.7　安装其他的 Packages 函数库

Python 语言一个最强大的地方就是拥有超级多的第三方函数库可以使用。本书会介绍两种安装函数库的方法:第一种方法是按照以下步骤下载和安装相关的函数库 Packages;第二种方法见 3.10 节的介绍。

下面介绍通过 PyCharm 安装其他的 Packages 函数库。

Windows 的用户请在 PyCharm 中选择 File→Settings→Project→Project Interpreter。Mac 或 Linux 的用户则在 PyCharm 中选择 PyCharm → Preferences→Project→Project Interpreter。

（1）如图 3-29 所示，选择 Project→Project Interpreter。

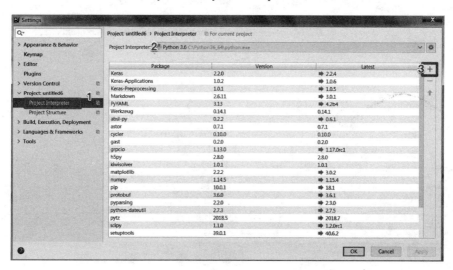

图 3-29　添加和安装其他的 Packages 函数库

（2）确认要安装的其他 Packages 函数库位置。请注意，推荐与之前 Python 3.6 路径位置相同。

（3）通过【＋】号就能添加和安装其他 Python 函数库。

（4）推荐先单击 pip 的项目包，然后按下箭头【↑】图标，让 pip 包升级到最新版本。

（5）接着进行如下操作，如图 3-30 所示。

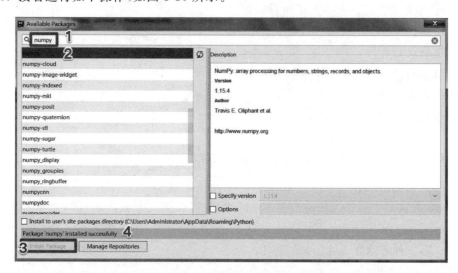

图 3-30　添加和安装其他 Python 的函数库

- 查找或选择输入的函数库名称,如 numpy。
- 单击要安装的函数库,如 numpy。
- 单击 Install Package。
- 下载进行安装,出现 Package xx installed successfully 就代表安装成功。

而另外一种安装第三方函数库的方法是通过 pip 指令的方式,3.10 节会有详细介绍。

3.8 安装 Anaconda

Anaconda 也是很多人常用的 Python 开发工具,它的特点如下:
- 包含了众多流行的科学、数学、工程、数据分析的 Python 包。
- 完全开源和免费。
- 额外的加速、优化是收费的,但对于学术用途可以申请免费的 License。
- 全平台支持 Linux、Windows、Mac。
- 支持 Python 2.6、Python 2.7、Python 3.3、Python 3.4,可自由切换。
- 内带 Spyder 编译器。
- 自带 Jupyter notebook 环境,也就是网页版的 Python。

1. 下载

通过 https://www.continuum.io/downloads 网页选择实际的操作系统,如图 3-31 所示,并单击 Python 的版本,如果没有特别的情况,请选择 Python 3.6。

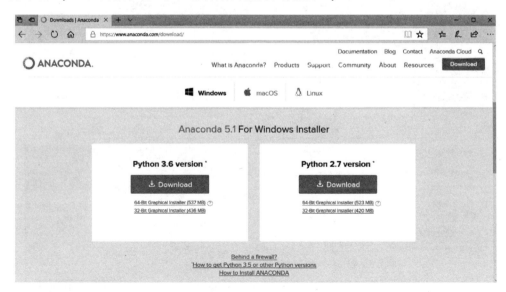

图 3-31 下载 Anaconda

单击后就能下载 Anaconda 安装包,如图 3-32 所示。

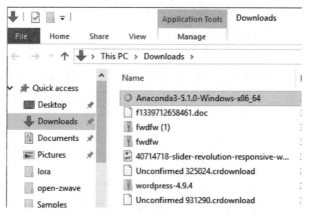

图 3-32　Anaconda 安装包

2. 安装

下载之后,如图 3-33 所示进行安装。在安装的过程中勾选 Add Anaconda to the system PATH environment variable 项目,可以避免因为路径的关系找不到 Anaconda 开发工具。另外,安装完毕会询问是否要安装微软的 Visual Studio Code,因为本书是用来学习 Python 的,所以选择 Skip 跳过,这样就完成整个安装过程了。

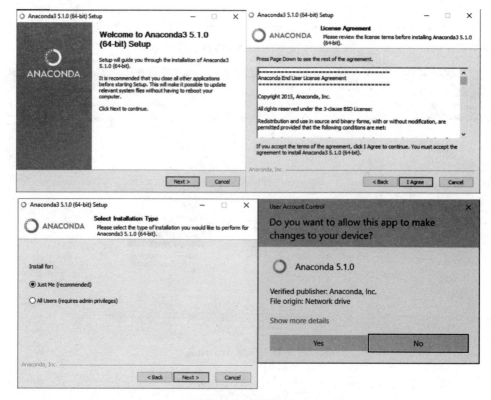

图 3-33　安装过程

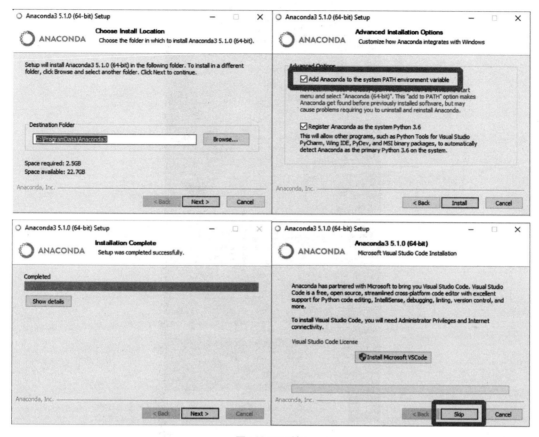

图 3-33（续）

教学视频

3.9 使用 Anaconda

如图 3-34 所示，选择 Anaconda→Spyder 引导开发工具。

图 3-35 为 Anaconda 的开发工具 Spyder 的主界面。

另外，引导 Anaconda 后，其系统也内置网页版的 Python 调试和开发系统 Jupyter，如图 3-36 所示。

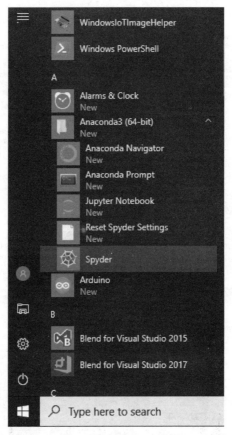

图 3-34　选择 Anaconda→Spyder 引导开发工具

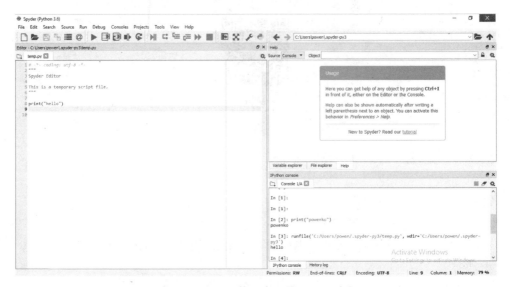

图 3-35　Anaconda 的开发工具 Spyder 主界面

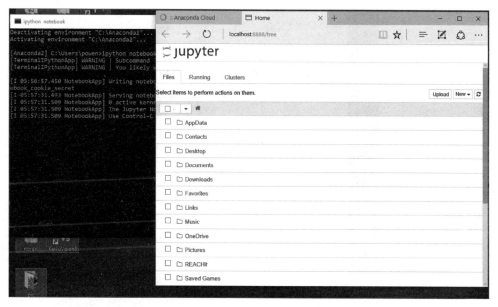

图 3-36 Jupyter 网页版的 Python 调试和开发工具

教学视频

3.10   pip 安装包

pip 是 Python 的包管理程序,通过 pip 可以轻松管理和下载安装第三方的扩充包,程序员写程序也变得更轻松。Python 的扩充包以 .egg 为后缀,.egg 就是一个 zip 文件。

在新的 Python 版本中已经包含了 pip 安装工具,而 Windows 的用户可以通过用管理员权限运行 Command Prompt 命令提示模式,如图 3-37 所示。

若是使用 Python 3.x 的用户,推荐使用 pip3 软件。它和 pip 的指令是一样的,只是特别针对 Python 3.x 的用户。下面介绍 pip 常用的指令。

1. 安装

请在命令行模式下输入下列指令:

```
pip install  '包名称'
```

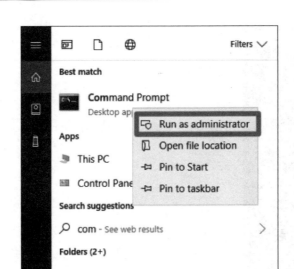

图 3-37 用管理员权限运行 Command Prompt

默认会安装当前最新的版本,如安装 numpy 包,如图 3-38 所示。

```
pip  install  numpy
```

```
C:\Users\Administrator\Desktop>pip install numpy
Collecting numpy
  Using cached https://files.pythonhosted.org/packages/51/70/7096a735b27359dbc0c
380b23b9c9bd05fea62233f95849c43a6b02c5f40/numpy-1.15.4-cp36-none-win_amd64.whl
Installing collected packages: numpy
Successfully installed numpy-1.15.4
```

图 3-38 安装包

亦可以安装指定版本,如下:

```
pip '[包名称]==[版本]'
```

以安装 virtualenv 并指定 1.6.3 版本为例:

```
pip  install virtualenv == 1.6.3
```

或可以指定一个样例的版本:

```
pip install  virtualenv > = 1.6.3
pip install virtualenv < 1.6.3
```

也可以指定一个网络链接来安装：

```
pip install install http://example.com/virtualenv - 1.6.4.zip
pip install git + https://github.com/simplejson/simplejson.git
pip install svn + ssh://svn.zope.org/repos/main/zope.interface/trunk/
```

2. 删除

pip 相较于 easy_install，支持较多自动化清理的工作，后续不用再人工清理残留文件。

```
pip uninstall '包名称'
```

如删除 numpy 这个包：

```
pip    uninstall    numpy
```

亦可以删除指定版本，如图 3-39 所示。

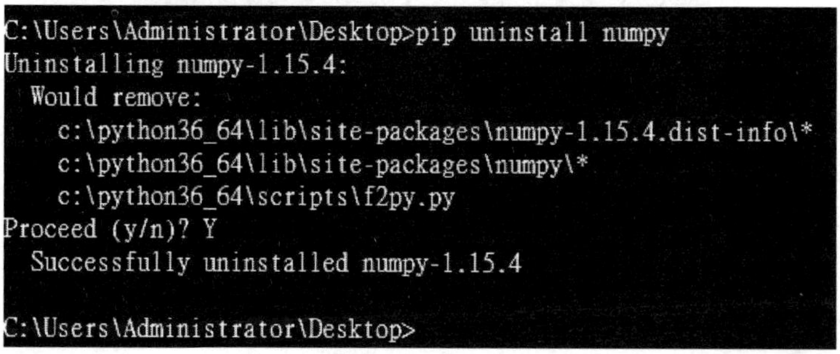

```
C:\Users\Administrator\Desktop>pip uninstall numpy
Uninstalling numpy-1.15.4:
  Would remove:
    c:\python36_64\lib\site-packages\numpy-1.15.4.dist-info\*
    c:\python36_64\lib\site-packages\numpy\*
    c:\python36_64\scripts\f2py.py
Proceed (y/n)? Y
  Successfully uninstalled numpy-1.15.4

C:\Users\Administrator\Desktop>
```

图 3-39　删除包

3. 升级 pip 安装软件

在命令行模式下输入下列指令：

```
python - m pip install  -- upgrad   pip
```

4. 利用 pip 列出所有已安装包的版本

在命令行模式下输入下列指令：

```
pipnumpy
```

5. 利用 pip 升级包

在命令行模式下输入下列指令：

```
pip install - U "[包名称]"
```

比如,更新 numpy 包：

```
pip install - U "numpy"
```

6. 列出已经安装的包和版本

在命令行模式下输入下列指令,如图 3-40 所示。

```
pip list
```

```
C:\WINDOWS\system32>pip list
DEPRECATION: The default format will switch
  format=(legacy|columns) in your pip.conf u
alabaster (0.7.10)
anaconda-client (1.6.9)
anaconda-navigator (1.7.0)
anaconda-project (0.8.2)
asn1crypto (0.24.0)
astroid (1.6.1)
astropy (2.0.3)
attrs (17.4.0)
Babel (2.5.3)
backports.shutil-get-terminal-size (1.0.0)
beautifulsoup4 (4.6.0)
```

图 3-40　pip list 运行效果

7. 利用 pip 查找可安装或管理的包

在命令行模式下输入下列指令：

```
pip search[关键字]
```

8. 列出使用样例

要列出 pip 的使用样例,可在命令行模式下输入下列指令：

```
pip help
```

教学视频

3.11 本书需要安装的第三方函数库列表

为了方便读者学习,在此列出本书需要安装的第三方函数库列表。

```
pip install Pillow                        # 显示图片
pip install Pillow - PIL                  # 显示图片
pip install PyInster                      # 把.py 文件包装成.exe 文件
pip install XlsxWriter                    # Excel 函数库
pip install beautifulsoup4               # 爬虫等函数库
pip install MySQL - python               # 数据库 Python 2. x
pip install pymysql                       # 数据库 Python
pip install TensorFlow                    # TensorFlow 类神经
pip install h5py                          # TensorFlow 类神经的权重函数库
pip install jieba                         # 中文语义处理
pip install lxml                          # XML 处理
pip install matplotlib                    # 画图表函数库
pip install opencv - python              # OpenCV 函数库
pip install opencv - contrib - python    # OpenCV 函数库
pip install pandas                        # 窗体数据函数库
pip install pandas - datareader          # 窗体数据函数库
pip install requests                      # 网络函数库
pip install scipy                         # 机器学习函数库
pip install xlrd                          # XML 处理函数库
pip install xlwt                          # XML 处理函数库
```

## 第 4 章

Python 程序基础

4.1 Python 注释

为了方便日后维护时了解这个程序,在编写程序时就可以使用注释。注释有两种写法,首先介绍第一种注释方法。

使用♯,即把要写的文字注释写在♯号之后,而在♯之后的文字,编译器不会处理。♯称为批注。

或者使用""" """,称为注释。当编译器遇到注释时会跳过注释文字不做任何编译,因为这些注释是写给开发者看的。

单独一行的文字注释:

```
♯ 文字注释
```

多行以上的注释写法:

```
"""
文字注释
"""
```

第二种注释方法:头文件标头批注。

【实例 3】 01comment.py

```
1.   #!/usr/bin/env
2.   __author__ = "Powen Ko, www.powenko.com"
```

第 1 行:开发者都会把此行去掉,其实也可以运行程序,作用是,在 Linux 系统中指定 Python 的编译器路径在/usr/bin/python。

第 2 行:这一行可以去掉,其用意是说明作者是谁。

4.2 Python 数据模式

在 Python 程序语言中,数据如果以变量形式存储,可以通过 Python 程序语言中的数学计算处理。

Python 中数据处理的基本单位为变量。在类内的变量将视为是该类的值域;在方法内声明的变量,则视为局部的变量(local variables)。特别的是,Python 在变量声明时不用特意指定数据模式,会以存储的数据为默认的数据模式。

语法:

变量名 = 初始值

【实例 4】 02value.py

```
1.  #!/usr/bin/env              # 可不写,环境设置
2.  __author__ = "Powen Ko, www.powenko.com"   # 可不写,作者
3.  #   sample code             # 注释的写法,只要加上 # 就是注释
4.  a = 33                      # 变量 a 指定为整数 33
5.  b = "abc"                   # 变量 b 指定为字符串 abc
6.  c = 33.4                    # 变量 c 指定为数字 33.4
7.  print("Hello")             # 显示字符串 Hello
8.  print(a)                   # 显示变量 a 数据,输出为 33
9.  print("a = " + str(a))     # 显示变量 a 数据, 输出为 a = 33
10. print("c = % f" % c)       # 显示变量 c 数据,输出为 c = 33.400000
11. print("c = %.1f  b = %d" % (c,b))   # 显示变量 c = 33.4 和 b = abc 数据
12. print(a + c)               # 显示变量 a 加上变量 c 的数据,输出为 66.4
```

> ☆**注意** 为了阅读方便,本书给出的程序前面会加上行号。在写程序的时候,不用把这些数字打上去。

运行结果如图 4-1 所示。

```
33
a=33
c=33.400000
c=33.4  b=abc
66.4
```

图 4-1 运行结果

教学视频

补充说明：

一般 Python 在初始化变量时,不需要预定义变量的数据模式。如果需要转换数据模式,就可以用以下方式转换数据模式。

【**实例 5**】 03ConvertValue.py

```
1.  #!/usr/bin/env
2.  __author__ = "Powen Ko, www.powenko.com"
3.  v1 = int(2.7)                    #输出 2,转换成整数
4.  print(v1)
5.  v2 = int(-3.9)                   #输出 -3,转换成整数
6.  print(v2)
7.  v3 = int("2")                    #输出 2,转换成整数
8.  print(v3)
9.  v4 = int("11", 16)               #输出 17,将 11 作为十六进制数
10. print(v4)
11. v6 = float(2)                    #输出 2.0,浮点数
12. print(v5)
13. v7 = float("2.7")                #输出 2.7,浮点数
14. print(v7)
15. v8 = float("2.7E-2")             #输出 0.027,浮点数
16. print(v8)
17. v9 = float(False)                # 输出 0.0,浮点数
18. print(v9)
19. vA = float(True)                 # 输出 1.0,浮点数
20. print(vA)
21. vB = str(4.5)                    # 输出"4.5"将浮点数转换成字符串
22. print(vB)
23. vC = list([1, 3, 5])             # 输出 [1, 3, 5],数组
24. print(vC)
25. vD = bool(True)                  # True,布尔代数
26. print(vD)
```

运行结果如图 4-2 所示。

```
2
-3
2
17
2.0
2.7
0.027
0.0
1.0
4.5
[1, 3, 5]
True
```

图 4-2　运行结果

布尔(bool)代数只能存储以下两种数据。

- True,在 Python 中当成"是",请注意 T 大写。
- False,在 Python 中当成"否",请注意 F 大写。

教学视频

4.3 Python 数学计算

在 Python 语言中,对数据的处理与 C 语言或 Java 语言中的处理方式是一样的。Python 中常用数学符号如表 4-1 所示。

表 4-1　Python 中常用数学符号

数 学 符 号	功 能 解 释	样　　例	
+	加法	3＋2	＃答案为 5
－	减法	3－2	＃答案为 1
*	乘法	3 * 2	＃答案为 6
/	除法	5/3	＃答案为 1
%	取余数	5%3	＃答案为 2
**	运行指数	3 ** 2	＃答案为 9
<<	十六进制左移	5 << 1	＃答案为 10
>>	十六进制右移	5 >> 1	＃答案为 2
//	只取得整数的除法	9//2	＃答案为 4
		9.0//2.0	＃答案为 4.0

【实例 6】　04math.py

```
1.  a = 5                    ＃ 预定义变量a为整数5
2.  b = 2.2                  ＃ 预定义变量b为浮点数2.2
3.  print(a + b)            ＃ 加  5 + 2.2 = 7.2
4.  print(a − b)            ＃ 减  5 − 2.2 = 2.8
5.  print(a * 2)            ＃ 乘  5 * 2 = 10
6.  print(a/2)              ＃ 除  5/2,答案为2
7.  print(a << 1)           ＃ 左移一个bit  5 << 1 = 10
8.  print(a >> 1)           ＃ 右移一个bit  5 >> 1 = 2
9.  print(a % 3)            ＃ 余数  5%3 = 2
10. d = 4.3                  ＃ 预定义变量d为浮点数4.3
```

```
11.  print(d/3)                                # 除法    4.3/3 = 1.43
12.  print(d//3)                               # 除法    4.3//3 = 1.0 仅取得整数值
```

程序注释：

- 第 6 行：因为 a=5，表示 a 为整数，所以 5/2 的时候，就仅处理整数值。
- 第 11 行：因为 d=4.3，表示 d 为浮点数，所以 4.3/3 的时候，会显示浮点数 1.43。
- 第 12 行："//"表示只取除法运算后的整数部分，d=4.3，d 为浮点数，所以 4.3//3 的时候，会显示浮点数 1.0。

运行结果如图 4-3 所示。

```
7.2
2.8
10
2.5
10
2
2
1.4333333333333333
1.0
```

图 4-3 运行结果

教学视频

4.4 Python 打印

在 Python 语言中，有几种方式可以打印出变量，可通过下面的程序样例处理。
print 的用法和 C 语言中的用法一致，能用特殊符号代表意义。

- %d 整数；
- %f 浮点数；
- %lf 双精度浮点数；
- %c 字符；
- %s 字符串。

【实例 7】 05print.py

```
1.  #!/usr/bin/env
2.  __author__ = "Powen Ko, www.powenko.com"
3.  a = 4
4.  b = 2.2
5.  c = "hello"
6.  print("a = " + str(a))                     # 整数转成字符串
7.  print("a = % d" % a)                        # % d 显示整数
8.  print("a = " + str(a) + " b = " + str(b))   # 字符串相加
9.  print("a = % d b = % f" % (a,b))            # % f 显示浮点数
```

```
10.  print("a = % d b = %.1f" % (a,b))              # %.1f 显示浮点数和小数点后一位
11.  print("a = " + str(a) + " b = " + str(b) + " c = " + c).     # 字符串相加
12.  print("a= % d b = % 0.1f c = % s" % (a,b,c))      # %s 显示文字，% 0.1f 小数点一位
```

运行结果如图 4-4 所示。

```
hello
a=4
a=4
a=4 b=2.2
a=4 b=2.200000
a=4 b=2.2
a=4 b=2.2 c=hello
a=4 b=2.2 c=hello
```

图 4-4　运行结果

补充说明：

因为 Python 版本的关系，在 Python 2 版本的时候，可以把

```
print("Hello")
```

写成

```
print "Hello"
```

虽然很多网络上的程序会用没有括号的写法，但是依照笔者的经验，为了 Python 2 和 Python 3 的兼容性，请依照本实例的写法，即 print("Hello")。如此一来，同一个程序才能在两个 Python 版本中正常运行。

教学视频

4.5　if…else 条件判断语句

流程控制语法是编程的根本，通过各种条件判断与循环重复运行语法，可以令程序针对不同的状况而作出不同的响应。常用的方式有 if(条件判断语句)和 ＝＝、!＝、<、>(比较运算符)。

if 语句与比较运算符一起用于检测某个条件是否达成，如某输入值是否在特定值之上等。

if 语句的语法：

```
if   某变量 > 20:
        // 如果符合此判断式时,所要做的事情
```

意思是某变量的值是否大于 20,当大于 20 时,运行一些动作。

换句话说,只要 if 后面的结果(称为测试表达式)为真,则运行下一行的语句(称为运行语句法);若为假,则跳过。

语法 1:

```
if   测试条件:
        ♯ 要做的事情1
```

语法 2:

```
if    测试条件:
         ♯ 要做的事情1
else:
         ♯ 要做的事情2
```

语法 3:

```
if   测试条件1:
        ♯ 要做的事情1
elif   测试条件2:
        ♯ 要做的事情2
else:
        ♯ 其他要做的事情
```

注意
- Python 中的 else if 写成 elif。
- Python 中没有{},是通过空白来判断的,为了避免错误请勿使用 tab。
- Python 中测试条件的小括号(),可以使用或省略括号()。

下面介绍测试条件的写法。

比较运算判断符号,需要以下符号:

- x == y(x 等于 y);
- x != y(x 不等于 y);
- x < y(x 小于 y);
- x > y(x 大于 y);
- x <= y(x 小于或等于 y);
- x >= y(x 大于或等于 y);

- x = 1　and　y = 1(x 等于 1 并且 y 等于 1)；
- x = 1　or　y = 1(x 等于 1 或 y 等于 1)。

返回值：

函数返回值为 boolean 布尔型，只有 True 和 False 这两个结果。

实例 8 为判断变量是否符合判断式的条件。

【实例 8】　06if.py

```
1.  a = 4                    # 预定义变量 a 的数据为整数 4
2.  if a == 1:               # 如果变量 a 的数据是 1
3.      print ('1')          # 输出 '1' 的字符串
4.  elif    a == 2:          # 如果变量 a 的数据是 2
5.      print ('2')          # 输出 '2' 的字符串
6.  else:                    # 如果变量 a 的数据不是以上情况
7.      print ('3')          # 输出 '3' 的字符串
```

运行结果：

```
3
```

教学视频

Python 中没有 switch 语句，if 可以比较数值或字符，可以通过 if…elif…elif 来达到同样的效果，如实例 9 所示。

【实例 9】　07if2.py

```
1.  #!/usr/bin/env
2.  a = '2'                       # 预定义变量 a 的数据为字符 2
3.  b = '2'                       # 预定义变量 b 的数据为字符 2
4.  if a == '2' and b == '1':     # 如果变量 a 是 2 且 b 是 1,显示 b = 1
5.      print("b = 1")
6.  elif a == '2' and b == '2':   # 如果变量 a 是 2 且 b 是 2,显示 b = 2
7.      print("b = 2")
8.  elif a == '3':                # 如果变量 a 里面的数据是字符 3,就显示 '3'
9.      print ('3')
10. elif a == '4':                # 如果变量 a 里面的数据是字符 4,就显示 '4'
11.     print ('4')
12. else:                         # 如变量 a 不是字符 1,2,3,4,就显示 'other' 字符串
13.     print ('other')
```

结果：

```
b = 2
```

教学视频

4.6 Array 数组——List

Python 语言也像其他程序语言一样提供了数组的功能。什么是数组？从定义上来说，数组是一种存储大量同性质数据的连续内存空间，只要使用相同的变量名称，便可以连续访问每一组数据。由于数组元素的便利性，使得大多数程序中都可以看到数组的身影。数组是一个带有多个数据且模式相同的元素集合。比如，数值所构成的数组。

在 Python 程序中也提供相关的函数用来创建与处理矩阵。矩阵可分为一维矩阵、二维矩阵、多维矩阵，这里只是名称换成 List 而不是 Array，并且可以动态地调整尺寸。

1. 字符串一维矩阵

```
变量 = ['字符串','字符串',…]
```

【实例 10】 08array.py

```
1.   a = ['Apple', 'Watermelon', 'Banana']          # 字符串一维矩阵
2.   print(a[1])                                      # 输出 a[1],输出 'Watermelon'
```

运行结果：

```
Watermelon
```

2. 数字一维矩阵

```
变量 = [数字,数字,…]
```

【实例 11】 09array1.py

```
1.   a = [123,456,789]                                # 数字一维矩阵
2.   print(a[1])                                       # 输出 a[1], 输出 456
```

运行结果：

456

教学视频

3. 二维矩阵的写法

变量 = [[数字,数字,…],[数字,数字,…],…]

【实例 12】 09array2.py

```
1.  a = [[11,22,33],                          # 数字二维矩阵
2.      [44,55,66],
3.      [77,88,99]]
4.  print(a[1])                               # 输出 a[1]
5.  print(a[1][0])                            # 输出 a[1][0]
```

运行结果：

```
[44, 55, 66]
44
```

注意　矩阵定义时，Python 使用的是中括号[ ]，而不是大括号{ }。

教学视频

4.7　range 范围

在 Python 的循环中，常常会用到一个叫作 range 范围的函数。所以，特地在介绍循环的处理之前，先介绍什么是 range，它用来创建 r 维数组的连续数据，该函数是创建范围的

动作。

【实例 13】 11range.py

```
1.  a = range(10)              # 0～10 的数字
2.  print(a)                   # Python 2. x 显示数组的方法
3.  print(list(a))             # Python 3. x 显示数组的方法 [0,1,2,3,4,5…,8,9]
4.  print(a[2])
```

运行结果：

```
range(0, 10)
[0, 1, 2, 3, 4, 5, 6, 7, 8, 9]
2
```

1) range（范围开始，范围退出）

该函数是创建范围的动作。

- 范围开始：整数值；
- 范围退出：整数值。

【实例 14】 12range2.py

```
1.  a = range(2,6)             # 2～6 之间的数字
2.  print(a)                   # Python 2. x 的显示数组的方法
3.  print(list(a))             # Python 3. x 的显示数组的方法
```

运行结果：

```
range(2, 6)
[2, 3, 4, 5]
```

2) range（范围开始，范围退出，每次相差）

该函数是创建范围的动作。

- 范围开始：整数值；
- 范围退出：整数值；
- 每次相差：整数值。

【实例 15】 13range3.py

```
1.  a = range(0,6,2)           # 0 ～ 6 之间的数字,每次相差 2
2.  print(a)                   # Python 2. x 的显示数组的方法
3.  print(list(a))             # Python 3. x 的显示数组的方法
```

运行结果:

```
range(0, 6, 2)
[0, 2, 4]
```

【实例16】　14range4.py

```
1.  a = range(6,0,-2)        # 6~0 范围内的数字,每次相差 -2
2.  print(a)                 # Python 2.x 的显示数组的方法
3.  print(list(a))           # Python 3.x 的显示数组的方法
```

运行结果:

```
range(6, 0, -2)
[6, 4, 2]
```

教学视频

 注意　range 的返回值是一维 List 阵列。

4.8　for 循环

for 语句用于重复性的操作时非常有效,通常会与数组结合起来使用。在 Python 程序语言中,循环的表示方法和一般的 C 或 Java 语言有些不一样,可以通过 for 语句重复运行。

1) for 变量 in range (范围):

该函数是创建循环的动作。

【实例17】　15for1.py

```
1.  for x in range(10):      # 创建循环,x 取值为 0,1,…,9
2.      print(x)             # 显示 x 输出
3.  print("end")             # 显示 end 字符串
```

运行结果:

```
0
1
2
3
4
5
6
7
8
9
end
```

for 语句用于重复运行的功能:循环的范围是通过空白来代替的,只要程序前面都有相同的空白数量,那就代表在相同的循环{}范围内。

实例 17 也可以写成实例 18 的形式,答案都一样。

【实例 18】 16for2.py

```
1.  a = range(10)          #a 取值为 0,1,…,9
2.  for x in a:            #创建循环,x 的范围由 a 变量决定
3.      print(x)           #显示 x 输出
4.  print("end")          #显示 end 字符串
```

2) for 变量 in range(范围开始,范围退出):

该函数是创建循环的动作。

- 变量:整数变量名称;
- 范围开始:整数值;
- 范围退出:整数值。

【实例 19】 17for3.py

```
1.  for x in range(2,6):   #创建循环,x 取值为 2,3,4,5
2.      print(x)           #显示 x 输出
3.  print("end")          #显示 end 字符串
```

运行结果:

```
2
3
4
5
end
```

3）for 变量 in range(范围开始，范围退出，每次相差)：
该函数是创建循环的动作。
- 变量：整数变量名称；
- 范围开始：整数值；
- 范围退出：整数值；
- 每次相差：整数值。

【实例 20】　18for4.py

```
1.  for x in range(0,6,2):     # 创建循环,x 取值为 0,2,4
2.      print(x)               # 显示 x 输出
3.  Print("end")               # 显示 end 字符串
```

运行结果：

```
0
2
4
end
```

【实例 21】　19for5.py

```
for x in range(6,0,-2):        # 创建循环,x 取值为 6,4,2
    print(x)                   # 显示 x 输出
print("end")                   # 显示 end 字符串
```

运行结果：

```
6
4
2
end
```

4）for 变量 in 矩阵：
该函数是创建循环的动作。
- 变量：整数变量名称；
- 矩阵：矩阵字符串。

【实例 22】　20for6.py

```
1.  a = ['Apple', 'Watermelon', 'Banana']
2.  for x in a:                # 创建循环,x 的范围由 a 变量决定
3.      print (x)              # 显示 x 输出
4.  print("end")              # 显示 end 字符串
```

运行结果:

```
Apple
Watermelon
Banana
end
```

注意 Python 程序语言不是使用大括号{ },而是使用空白来处理范围,编写程序时需要特别留意。接下来将以九九乘法表为例进行说明。

【**实例 23**】 21for6-exam99.py

```
1.  for x in range(1,10):                                    # for 的写法,x 取值为 1,2,…,9
2.    for y in range(1,10):                                  # for 的写法,y 取值为 1,2,…,9
3.      print(str(x) + " * " + str(y) + " = " + str(x * y))   #输出 x * y = (x * y)
4.  print("end")                                             #显示 end 字符串
```

运行结果如图 4-5 所示。

```
8 * 1 = 8
8 * 2 = 16
8 * 3 = 24
8 * 4 = 32
8 * 5 = 40
8 * 6 = 48
8 * 7 = 56
8 * 8 = 64
8 * 9 = 72
9 * 1 = 9
9 * 2 = 18
9 * 3 = 27
9 * 4 = 36
9 * 5 = 45
9 * 6 = 54
9 * 7 = 63
9 * 8 = 72
9 * 9 = 81
end
```

图 4-5 运行结果

教学视频

4.9 UTF-8 中文文字编码和文字输入

Python 在读入中文的时候常常会出现乱码,其原因就是文字编码上的问题,最好的方法是在 Python 文件前面加上以下文字:

```
# - * - coding: utf - 8 - * -
```

即可指定该文档是 UTF-8 编码格式。

输入文字可以通过 input 函数完成，需要注意的是：Python 2 和 Python 3 对 UTF-8 中文文字输入的处理方式不同。

【实例 24】 22utf-8.py

```
1.  # - * - coding: utf - 8 - * -           # 处理中文显示
2.  try:                                     # Python 3 文字输入的处理
3.     name = input("名字:")                  # 输入
4.     print(" 你好! " + name)               # 输出
5.  except:                                  # Python 2 文字输入的处理
6.     name = raw_input("名字:").decode("utf - 8")   # 输入
7.     nameutf8 = unicode(name).encode('utf - 8')    # 转换
8.     print(" 你好! " + nameutf8)           # 输出
```

运行结果如图 4-6 所示。

```
powens-MacBook-Air:sampleCode powenko$ python 19utf-8.py
名字:柯博文
你好! 柯博文
```

图 4-6 运行结果

教学视频

4.10 while 循环语法

while 语句用于重复运行一段程序，而程序是放在相同空白行数的代码。while 循环会无限地循环，直到括号内的判断式为否。在循环中要做的事情之一，是必须要有能改变判断语句的程序，否则 while 循环将永远不会退出；另外也可以通过 break 离开循环。

语法：

```
while  判断的条件:
    # 要做的事情
```

参数：

判断的条件和 if 语句的写法一样，如果符合就会运行一次，直到不符合判断的条件，就会离开。

```
while  判断式:
```

该函数是创建循环的动作。其中,判断式表示同条件判断语句。

【实例 25】 23while1.py

```
1.  x = 0
2.  while x < 5:                    # 如果 x 小于 5 就处理
3.      print(x)                    # 输出
4.      x = x + 1                   # 改变 x 的变量值 + 1
5.  print("end")                    # 显示 end 字符串
```

运行结果:

```
0
1
2
3
4
end
```

【实例 26】 24while2.py

```
1.  x = 0
2.  while x <= 20:                  # 如果 x 小于 20 就处理
3.      print(x)                    # 输出
4.      x = x + 5                   # 改变 x 的变量值, + 5
5.  print("end")                    # 显示 end 字符串
```

运行结果:

```
0
5
10
15
20
end
```

以下实例是利用 2 个 while 循环编写九九乘法表。

【实例 27】 25while3.py

```
1.  x = 0
2.  while x < 9:                    # 如果 x 小于 9 就处理
3.      x = x + 1                   # 改变 x 的变量值, + 1
4.      y = 1
```

```
5.      while y < 10:                                        # 如果 y 小于 9 就处理
6.          print(str(x) + " * " + str(y) + " = " + str(x * y))   # 输出
7.          y = y + 1                                        # 改变 y 的变量值，+ 1
8.  print("end")                                             # 显示 end 字符串
```

运行结果：

```
8 * 8 = 64
8 * 9 = 72
9 * 1 = 9
9 * 2 = 18
9 * 3 = 27
9 * 4 = 36
9 * 5 = 45
9 * 6 = 54
9 * 7 = 63
9 * 8 = 72
9 * 9 = 81
end
```

☆注意　Python 没有 do…while 的写法。

教学视频

## 第 5 章

函数和面向对象 OOP

5.1 开发函数(def)

Python 中函数的写法和其他程序不同,非常特别,在这提出来说明。

语法:

```
def 函数名称(参数):
    # 要做的事情
return 回传值
```

以下设计一个函数 fun1,并且在程序中调用该函数。

【实例 28】 01-def1.py

```
1.  def fun1():                          # 预定义函数 fun1
2.      print("this is function1")       # 当空白没有对齐,就代表函数退出
3.  fun1()                               # 调用 fun1 函数
```

运行结果:

```
this is function1
```

1) def 函数名称(参数)

创建函数的动作,并将参数代入函数中。

以下设计一个函数 fun2,并且在程序中调用该函数。

【实例 29】 02-def2.py

```
1.  def fun2(num):
2.      print("this is function2 = " + str(num))    # 当空白没有对齐代表函数退出
3.
```

```
4.    fun2(100)                         # 调用 fun2 函数,并传递参数 num = 100
5.    fun2(num = 200)                   # 调用 fun2 函数,并传递参数 num = 200
```

运行结果:

```
this is function2 = 100
this is function2 = 200
```

2)回传值＝def 函数名称(参数)

创建函数的动作,将参数代入函数中,并且回传数据。

以下设计一个函数 fun3,并且在程序中调用该函数。请注意顺序和参数的用法。

【实例 30】 03-def3.py

```
1.    def fun3(num1 = 0, num2 = 0):       # 内定值 num1 预定义为 0,num2 为 0
2.        return (num1 * 2) + num2        # 回传 (num1 * 2) + num2
3.
4.    print(fun3(1,2))                    # 输出 4,参数 num1 为 1,num2 为 2
5.    print(fun3(num2 = 1, num1 = 2))     # 输出 5,参数 num1 为 2,num2 为 1
6.    print(fun3(num2 = 1))               # 输出 1,参数 num1 为内定值,num2 为 1
7.    a = fun3()                          # 输出 0,参数 num1、num2 使用内定值
8.    print(a)                            # 输出 0
9.
10.   def fun4():
11.       return 1,2                      # 同时回传 2 个回传值,分别为 1 和 2
12.
13.   a,b = fun4()                        # 参数 num1、num2 使用内定值,回传 a = 1,b = 2
14.   print(a)                            # 输出 1
15.   print(b)                            # 输出 2
```

运行结果:

```
4
5
1
0
1
2
```

> **注意** 请留意调用 fun3() 的方式。fun3(2,1)同 fun3(num1＝2,num2＝1))与 fun3(num2＝1,num1＝2))传递过去的参数和结果都是一样的。

以下通过函数的设计来计算与显示九九乘法表。

【实例31】 04-def4.py

```
1.  def fun3(n1,n2):                                       # 预定义函数
2.      print (str(n1) + " * " + str(n2) + " = " + str(n1 * n2) )   # 打印输出
3.
4.  x = 0
5.  while x < 9:                                            # 九九乘法表 x 循环
6.      x = x + 1
7.      y = 1
8.      while y < 10: :                                     # 九九乘法表 y 循环
9.          fun3(x, y)                                      # 调用 fun3 函数
10.         y = y + 1
```

运行结果如图 5-1 所示。

```
8*6=48
8*7=56
8*8=64
8*9=72
9*1=9
9*2=18
9*3=27
9*4=36
9*5=45
9*6=54
9*7=63
9*8=72
9*9=81
```

图 5-1　运行结果

教学视频

5.2　import 导入和开发

import 是非常重要的 Python 功能,除了可以导入其他第三方的函数库,还可以把本身的函数独立成另外一个文件,方便管理。比如,通过以下方法,就能把 5.1 节的函数 fun3 放在另外一个文件 MyFun.py 中,以后使用时只要通过 import MyFun,就能使用 MyFun.fun3()函数。

【实例32】 MyFun.py

```
1.  def fun3(num1 = 0, num2 = 0):              # 放在 MyFun.py 函数 fun3
2.      return (num1 * 2) + num2
```

05-def5.py

```
1.  import MyFun                               # 导入 MyFun.py
2.
```

```
3.   a = MyFun.fun3(1,2)                          # 调用 MyFun.py 函数 fun3
4.   print(a)                                     # 输出
```

运行结果：

```
4
```

教学视频

5.3　类（class）

在本节中将介绍 Python 中预定义类的方法。

初始化类"__init__"称为建构方法（Constructor）。在 Python 设置类的时候，一定要预定义"def __init__(self):"函数来处理初始化的类功能，它没有回传值。建构方法的作用是在建构对象的同时，也可以初始化一些必要的信息。

【实例33】 06-class1.py

```
1.  class MyClass(object):                        # 继承 Python 最上层的 object 类
2.        def __init__(self):                     # 类初始化的函数
3.              print("hello")
4.
5.  g = Myclass()                                 # 调用和引导类
```

运行结果：

```
hello
```

5.4　类的初始化预定义值

如果要在初始化时带上预定义值，就需要在"__init__"初始化函数中把类的参数放入，如"__init__(self, name):"就能把 name 放入。

【实例34】 07-class2-init.py

```
1.  class MyClass(object):                        # 继承 Python 最上层的 object 类
```

```
2.        def __init__(self, name):              ♯ 类初始化的函数,并带初始化数据
3.            print("hello " + str(name))
4.    g = Myclass("Powen")                         ♯ 调用和引导类,并带初始化数据
```

运行结果:

```
hello PowenKo
```

教学视频

5.5　类中的函数方法(**Method**)

　　类中的新增函数方法与一般函数类似,只需要在函数方法的参数中多加一个 self 参数。Python 中所有的类成员(包含其数据成员)都是公开(public)的,成员函数的声明必须在第一个参数中使用 self,以表示存在其中的对象,而此参数在调用时是不用回传的。

【**实例 35**】　08-class3-fun. py

```
1.    class MyClass(object):
2.        def __init__(self,name):              ♯ 初始化的函数,并带初始化数据
3.            print("hello " + str(name))       ♯ 输出
4.        def fun1(self):                       ♯ 预定义类中的函数 fun1
5.            print("fun1")                     ♯ 输出
6.        def fun3(self,num1 = 0, num2 = 0):    ♯ 预定义类中的函数 fun
7.            return (num1 * 2) + num2          ♯ 回传
8.
9.    g = MyClass("Powen")                       ♯ 调用和引导类,初始化数据
10.   g. fun1()                                  ♯ 调用类中的函数 fun1
11.   print(g. fun3(1,2))                        ♯ 调用类中的函数 fun3 输出 4
12.   print(g. fun3(num2 = 1, num1 = 2))         ♯ 调用类中的函数 fun3 输出 5
```

运行结果:

```
hello PowenKo
fun1
4
5
```

教学视频

5.6 类中的属性（Property）

属性是对象的静态描述,因为 Python 的属性默认都是公开的,所以都可以取得。请注意,在使用时需要通过 self 才会取得该类中的属性。

【实例 36】 09-class4-selfValue.py

```
1.  class MyClass(object):                        # 继承 Python 最上层的 object 类
2.      mX = 1                                     # 预定义类中的属性
3.      mY = 1                                     # 预定义类中的属性
4.      def __init__(self,x,y):                    # 类初始化的函数
5.          self.mX = x                            # 存储类属性 mX
6.          self.mY = y                            # 存储类属性 mY
7.          self.X1 = x                            # 预定义类中的属性
8.
9.      def fun1(self):                            # 类中的公开函数
10.         s = ""
11.         for x in range(self.mX,10,1):
12.             for y in range(self.mY,10,1):
13.                 s = str(x) + " * " + str(y) + " = " + str(x * y)
14.                 print(s)
15.         print(self.x1)                         # 输出类中的属性
16.
17. g = MyClass(8,8)                               # 调用和引导类,并带初始化数据
18. g.fun1()                                       # 运行类中的公开函数 fun1
19. print(g.mX)                                    # 取得类中 mX 属性
```

运行结果：

```
8 * 8 = 64
8 * 9 = 72
9 * 8 = 72
9 * 9 = 81
8

8
```

教学视频

5.7　类中调用其他的函数方法

在类中的数据及交互方法,统称为类成员,只要多加一个 self 即可,而在类中调用其他的函数方法也是通过 slef 来完成的。

【实例37】　10-class5-selfdef.py

```
1.   class MyClass(object):               # 继承 Python 最上层的 object 类
2.       mX = 1                           # 预定义类中的属性
3.       mY = 1                           # 预定义类中的属性
4.       def __init__(self,x,y):          # 类初始化的函数方法
5.           self.mX = x
6.           self.mY = y
7.       def fun1(self):                  # 类中的公开函数 fun1
8.           s = ""
9.           for x in range(self.mX,10,1):
10.              for y in range(self.mY,10,1):
11.                  self.fun2(x,y)        # 调用同类中的函数
12.      def fun2(self,x,y):              # 类中的公开函数 fun2
13.          s = str(x) + " * " + str(y) + " = " + str(x * y)
14.          print(s)
15. g = MyClass(8,8)
16. g.fun1()
```

运行结果:

```
8 * 8 = 64
8 * 9 = 72
9 * 8 = 72
9 * 9 = 81
```

教学视频

5.8　设置公开、私有的类函数方法

在 Python 的类中,所有的函数方法和属性都是公开的。如果要设置为私有,只需命名时在类函数名称前面添加两个下画线(__)即可。

【实例38】　11-class6-PubPri.py

```
1.  class MyClass(object):
2.      mMyPub = 1                          # 类中的公开属性
3.      __mMyPri = 1                         # 类中的私有属性
4.      def __init__(self,x,y):
5.          self.mMyPub = x
6.          self.__mMyPri = y               # 设置私有的属性 Property
7.      def funPub(self):                    # 类中的公开函数
8.          print("fun1")
9.      def __funPri(self):                  # 类中的私有函数
10.         print("fun2")
11. g = MyClass(7,7)
12. print(g.mMyPub)
13. #print(g.__mMyPri)                       # 不能调用私有函数方法
14. g.funPub()
15. #   g.__funPri()                         # 不能调用私有属性
```

运行结果:

```
7
fun1
```

教学视频

5.9　把类独立成另一个文件

为了维护程序的便利性,会推荐把类独立成另外一个文件,以后使用时只要通过 import 调用该类即可。类的文件的名称推荐与类名称相同。

【实例 39】 MyClass.py

```
1.   class MyClass(object):              # 需要与文件名相同
2.       mX = 1                          # 类中的公开属性
3.       mY = 1                          # 类中的公开属性
4.       def __init__(self,x,y):
5.           self.mX = x
6.           self.mY = y
7.       def fun1(self):                 # 类中的公开函数
8.           s = ""
9.           for x in range(self.mX,10,1):
10.              for y in range(self.mY,10,1):
11.                  self.fun2(x,y)
12.      def fun2(self,x,y):             # 类中的公开函数
13.          s = str(x) + "*" + str(y) + "=" + str(x * y)
14.          print(s)
```

实际使用类的例子如下。

【实例 40】 12-class7-import.py

```
1.   from MyClass import MyClass         # 把 MyClass 类导入程序中
2.   g = MyClass(8,8)                    # 初始化 MyClass 类
3.   g.fun1()                            # 调用运行 MyClass 类的 fun1 公开函数
```

运行结果:

```
8 * 8 = 64
8 * 9 = 72
9 * 8 = 72
9 * 9 = 81
```

教学视频

5.10 继承——OOP 面向对象

下面介绍 class 类继承。

何谓继承? 继承英文为 Inheritance,是指 Sub Class(子类)继承 Super Class(父类)后,

就会自动取得父类特性。

当新增 class 时,把要继承的父类放在 object 就能完成,可以通过以下程序来了解。使用 5.9 节的程序,更换成调用 MyClass 就能够继承 MyClass 的类。

【实例 41】 13-class8-inheritance. py

```
1.    class MyClass(object):                          # 父类
2.        def __init__(self, name):
3.            print("MyClass " + str(name))
4.        def fun1(self):
5.            print("MyClass -> fun1")
6.    class MyClassChild(MyClass):                     # 子类,继承 MyClass 类
7.        def __init__(self, name):
8.            print("MyClassChild " + str(name))
9.        def fun2(self):
10.           print("MyClassChild→fun2")
11.
12. g = MyClassChild("Powen Ko")                       # 调用子类
13. g.fun1()                                           # 调用函数,因继承的关系拥有 fun1
14. g.fun2()                                           # 调用子类函数
```

运行结果:

```
MyClassChild Powen Ko
MyClass -> fun1
MyClassChild -> fun2
```

教学视频

5.11 多重继承

Python 也可以有多重继承,本节实例中将展示同时继承的方法:可同时拥有两个或两个以上的父类。

【实例 42】 14-class9-2inheritance. py

```
1.    class MyClass(object):                          # 父类 1
2.        def fun1(self):
```

```
3.     print("MyClass->fun1")
4.  class MyClass2(object):                          # 父类2
5.     def fun2(self):
6.         print("MyClass2->fun2")
7.
8.  class MyClassChild(MyClass,MyClass2):             # 子类同时继承二个父类
9.     def __init__(self, name):
10.        print("MyClassChild " + str(name))
11.    def fun3(self):
12.        print("MyClassChild->fun3")
13.
14. g = MyClassChild("Powen Ko")                      # 调用子类
15. g.fun1()                                          # 调用函数,因继承的关系拥有 fun1
16. g.fun2()                                          # 调用函数,因继承的关系拥有 fun2
17. g.fun3()                                          # 调用子类函数
```

运行结果:

```
6MyClassChild Powen Ko
MyClass->fun1
MyClass->fun2
MyClassChild->fun3
```

教学视频

5.12　调用父类函数

Python 提供调用父类函数 super,但是在 Python 2 和 Python 3 中的用法就不一样,方法如下:

- super().fun2()　　　　　　　　　　　　# 针对 Python 3 的调用父类函数方法
- super(MyClassChild, self).fun2()　　　# 针对 Python 2 的调用父类函数方法

在一个程序中,Python 2 和 Python 3 如何同时运行呢? 可以通过以下技巧来达到目的。

```
try:
    # do something       for Pyton 2
except:
    # do something       for Pyton 3
```

完整的调用父类函数的方法,请看以下实例,在程序中实现在子类函数 fun2 中调用父类。

【实例 43】 15-class10-inheritanceSuper. py

```
1.  class MyClass(object):                          #父类
2.      def fun1(self):
3.          print("MyClass - > fun1")
4.      def fun2(self):
5.          print("MyClass - > fun2")
6.
7.  class MyClassChild(MyClass):                     # 子类
8.      def __init__(self, name):
9.          print("MyClassChild " + str(name))
10.     def fun2(self):
11.         try:
12.             super().fun3()                       # 针对 Python 3 的调用父类函数方法
13.         except:
14.             super(MyClassChild, self).fun2()     # 针对 Python 2 的调用父类函数方法
15.         print("MyClassChild→fun2")
16.
17.
18.
19. g = MyClassChild("Powen Ko")                     #子类继承父类
20. g.fun1()                                         # 调用函数,因继承的关系拥有 fun1
21. g.fun2()                                         # 调用子类函数
```

运行结果:

```
6MyClassChild Powen Ko
MyClass - > fun1
MyClass - > fun2
MyClassChild - > fun2
```

教学视频

5.13　调用父类的属性

本节实例将展示如何处理和调用父类的属性(Property),同样也可以调用父类函数 super,如 print(super(MyClassChild,self). value3)。

【实例44】 16-class11-inheritanceProperty.py

```
1.  class MyClass(object):                           # 父类
2.      value3 = 3                                    # 父类的属性
3.      def fun1(self):
4.          print("MyClass -> fun1")
5.      def fun2(self):
6.          print("MyClass -> fun2")
7.
8.  class MyClassChild(MyClass):                      # 子类
9.      value3 = 13
10.     def __init__(self, name):
11.         print("MyClassChild " + str(name))
12.     def fun2(self):
13.         try:
14.             super().fun2()                        # Python 3 的调用
15.         except:
16.             super(MyClassChild, self).fun2()      # Python 2 的调用
17.         print("MyClassChild -> fun3")
18.         print(self.value1)                        # 输出 1 继承父类属性
19.         print(self.value2)                        # 输出 2 继承父类属性
20.         print(self.value3)                        # 输出 13,本身类的属性
        print(super(MyClassChild, self).value3)       # 输出 3,父类的属性
21. g = MyClassChild("Powen Ko")                      # 子类继承父类
22. g.fun1()                                          # 调用函数,因继承的关系拥有 fun1
23. g.fun2()                                          # 调用子类函数
```

运行结果:

```
6MyClassChild Powen Ko
MyClass -> fun1
MyClass -> fun2
MyClassChild -> fun2
1
2
13
3
```

教学视频

## 第 6 章

窗口处理 GUI Tkinter

6.1 窗口 GUI 函数库

为了用户方便,Python 也提供了用于开发图形用户界面(GUI)的各种功能,常见的函数库如下。

- Tkinter:这是 Python 附带的 Tk GUI 工具包中的 Python 函数库,本章会详细介绍它的使用方法。
- wxPython:这是一个用于 wxWindows 的图形用户界面,官方网址为 http://wxpython.org。
- JPython:这是一个以 Java 为基础的 Python 函数库,使用 Java 的 GUI 类为基础的 Python GUI 程序。
- PyQt:这是一个以 Qt 为基础的 Python 函数库,使用 Qt 的 Python GUI 程序。

Tkinter 是 Python 的标准 GUI 图形化使用界面,支持跨平台功能,是当前 Python 开发者使用最多的函数库。它已经包含在 Python 的安装程序中,不用另外再通过 pip 安装。

使用 Tkinter 创建 GUI 应用程序,步骤如下:

(1) 导入 Tkinter 模块。

(2) 创建 GUI 应用程序的主窗口。

(3) 将一个或多个控件添加到主窗口中。

(4) 程序做无限循环,等待用户触发每个组件的事件,并做相应的反应。

Tkinter 包含的各种常用的 GUI 组件如表 6-1 所示。

表 6-1 Tkinter 包含的各种常用的 GUI 组件

组 件 名 称	类 名 称
窗口局部	TkFrame
标签	TkLabel

续表

组 件 名 称	类 名 称
按钮	TkButton
复选方块	TkCheckButton
选择方块	TkRadioButton
下拉式列表	TkComboBox
列表	TkListbox
滚动条	TkScrollbar
文字方块	TkEntry
文字局部	TkText

6.2 窗口

调用 Tkinter 函数库的方法如下:

```
import Tkinter
```

也可以通过以下方法调用 Tkinter 函数库,初始化并指向 tk 这个类变量。

```
import Tkinter  as tk
```

但特别的是,Tkinter 函数库在 Python 2 和 Python 3 中调用方式不一样,即写法分别是 Tkinter 和 tkinter。所以,可以用以下技巧来让同一个程序同时可以在 Python 2 和 Python 3 中调用相对应的类,初始化并指向 tk 这个类变量。

```
try:
    import Tkinter as tk              ♯ 在 Python 2 上调用该 Tkinter 函数库
except ImportError:
    import tkinter as tk              ♯ 在 Python 3 上调用该 Tkinter 函数库
```

【实例 45】 01-TkUI1Window.py

```
1.  #!/usr/bin/python
2.  try:                             ♯ 步骤 1: 导入 Tkinter 模块
3.      import Tkinter as tk         ♯ 在 Python 2 上调用该 Tkinter 函数库
4.  except ImportError:
5.      import tkinter as tk         ♯ 在 Python 3 上调用该 Tkinter 函数库
6.  win = tk.Tk()                    ♯ 步骤 2: 创建 GUI 应用程序的主窗口
7.  win.mainloop()                   ♯ 最后步骤: 程序做无限循环
```

运行结果如图 6-1 所示。

图 6-1　运行结果

教学视频

补充内容：

（1）设置窗口标题：

```
win.wm_title("Hello, Title")
```

（2）设置窗口的最小尺寸：

```
win.minsize(width = 200, height = 666)
```

（3）设置窗口的最大尺寸：

```
win.maxsize(width = 666, height = 666)
```

通过以下程序设置一个窗口，并且固定尺寸，宽度为 666，高度为 480。

【实例 46】　02-TkUI2WindowTitleSize.py

```
1.   #!/usr/bin/python
2.   try:
3.       import Tkinter as tk              # 在 Python 2 上调用该 Tkinter 函数库
4.   except ImportError:
5.       import tkinter as tk              # 在 Python 3 上调用该 Tkinter 函数库
6.
7.   win = tk.Tk()                         # 创建 GUI 应用程序的主窗口
8.   win.wm_title("Hello, Powenko")        # 窗口名称
9.   win.minsize(width = 666, height = 480)   # 窗口最小宽度为 666,最小高度为 480
10.  win.maxsize(width = 666, height = 480)   # 窗口最大宽度为 666,最大高度为 480
11.  win.resizable(width = False, height = False)   # 不能调整窗口宽度和高度
12.  win.mainloop()                        # 程序做无限循环
```

运行结果如图 6-2 所示。

图 6-2　运行结果

教学视频

6.3　文字 Label

语法：

```
w = Label ( master, option,...)
```

参数：
- master 窗口：要添加的窗口指针。
- options 属性：可以依照实际需要通过逗号添加。

Label 常用属性如表 6-2 所示。

表 6-2　Label 常用属性

属　　性	描　　述	使 用 样 例
anchor	文字编排的位置 anchor＝CENTER　♯ 中间 anchor＝E　　　　♯右边 anchor＝W　　　　♯左边 anchor＝N　　　　♯上方 anchor＝S　　　　♯下方	Label(win,text＝"H",anchor＝CENTER)
bg	后台的颜色 bg＝"yellow"　　　♯ 黄色 bg＝"red"　　　　♯ 红色 bg＝"light green"　♯淡绿 bg＝"dark blue"　♯深蓝 bg＝"gray"　　　　♯ 灰色 bg＝"♯40E0D0"　♯RGB 颜色	Label(win,text＝"H",bg＝"yellow")
font	设置字形和尺寸	Label(master,text＝"Helvetica"，font＝("Helvetica",16))
fg	文字的颜色,颜色指定方法同 bg	tk.Label(win,text＝"Hello No2!",fg＝"red",bg＝"yellow")
height	高度	Label(win,text＝"H",height＝100)
image	指定图片,下一节详细讲述	img ＝ ImageTk.PhotoImage（Image.open("1.png")） Label(win,image ＝ img)
text	设置组件的文字,可以使用"\n" 作为转行	Label(win,text＝"Hello World!")
width	宽度	Label(win,text＝"H",width＝100)

通过以下实例可以看到,如何在窗口中加入文字组件,然后显示在窗口上。需要特别注意两个函数 pack 和 place,它们的作用都是把组件加到窗口中,其差异如下:

- pack(),依照使用的先后顺序放入窗口。
- place(),在窗口中 X、Y 指定的位置加入文字组件。

【实例 47】　03-TkUI3Label.py

```
1.  try:
2.      import Tkinter as tk          ♯ 在 Python 2 上调用该 Tkinter 函数库
3.  except ImportError:
4.      import tkinter as tk          ♯ 在 Python 3 上调用该 Tkinter 函数库
5.
6.  win = tk.Tk()                     ♯ 创建 GUI 应用程序的主窗口
7.  label1 = tk.Label(win,text = "Hello World!")   ♯ 创建文字内容
8.  label1.pack()                     ♯ 加入组件
```

```
9.   label2 = tk.Label(win, text = "Hello No2!", fg = "red", bg = "yellow")   # 创建文字内容、
                                                                              # 文字颜色
10.  label2.pack()                                                            # 加入组件
11.  label3 = tk.Label(win, text = "Hello No3!")                              # 创建文字内容
12.  label3.pack(side = "top", anchor = "w" )                                 # 加入组件,靠上方,靠西 west
13.  label4 = tk.Label(win, text = "Hello No4!")                              # 创建文字内容
14.  label4.place(x = 20, y = 60)                                             # 指定组件位置 x = 20, y = 60 的位置
15.  label5 = tk.Label(win, text = "Powen Ko", bg = "＃ff0000")               # 指定组件位置 x = 120, y = 140 的位置
16.  label5.place(x = 120, y = 140)
17.  win.mainloop()                                                           # 程序做无限循环
```

运行结果如图 6-3 所示。

图 6-3　运行结果(见彩插)

> ✰注意　文字组件新增之后,一定要用 pack()或 place()才会显示在窗口中。推荐使用 place()。

教学视频

6.4　显示图片 Image

首先需要安装新的模块,请打开 Terminal 或 Command 文字指令模式,运行以下指令。

```
python - m pip install -- upgrade pip
```

同样的，指令可以用在所有的操作系统之中。

如图 6-4 所示，第一个指令是更新 Python 的模块安装程序 pip，取得最新的模块信息。

```
Select Command Prompt
C:\Users\powen\Desktop>python -m pip install --upgrade pip
Collecting pip
  Downloading pip-8.1.2-py2.py3-none-any.whl (1.2MB)
    100% |################################| 1.2MB 593kB/s
Installing collected packages: pip
  Found existing installation: pip 8.1.1
    Uninstalling pip-8.1.1:
      Successfully uninstalled pip-8.1.1
Successfully installed pip-8.1.2
```

图 6-4　更新 Python 的模块安装程序 pip

读入图片可以使用 PIL 模块，而此模块放在 Pillow Package 中，如图 6-5 所示。

```
Command Prompt

C:\Users\powen\Desktop>pip install  Pillow
Collecting Pillow
  Downloading Pillow-3.4.2-cp35-cp35m-win32.whl (1.3MB)
    100% |################################| 1.3MB 501kB/s
Installing collected packages: Pillow
Successfully installed Pillow-3.4.2

C:\Users\powen\Desktop>
```

图 6-5　取得 PIL 模块

记得在本程序的同一个路径中放置一张 png 图片，取名为 python. png。

【实例 48】 04-TkUI4Image. py

```
try:
    import Tkinter as tk                          # 在 Python 2 上调用该 Tkinter 函数库
except ImportError:
    import tkinter as tk                          # 在 Python 3 上调用该 Tkinter 函数库
from PIL import ImageTk, Image                    # 导入图片模块
win = tk.Tk()                                     # 创建 GUI 应用程序的主窗口
img = ImageTk.PhotoImage(Image.open("python.png"))  # 读入图片 python.png
label1 = tk.Label(win, image = img)               # 指定该 Label 显示图片
label1.pack()                                     # 加入组件到窗口中
win.mainloop()                                    # 程序做无限循环
```

运行结果如图 6-6 所示。

图 6-6　显示图片

教学视频

6.5　按键 Button

本节将介绍如何新增按键,并且处理用户按下按键之后的反应动作。
语法:

```
w = Button ( master, option,... )
```

参数:

- master 窗口:要添加的窗口指针。
- options 属性:可以依照实际需要通过逗号添加。

Button 常用属性如表 6-3 所示。

表 6-3　Button 常用属性

属　性	描　述	使 用 样 例
activebackground	当鼠标移动到按钮时,按键文字的颜色	Button (win, text = " H ", activebackground = "green")
activeforeground	当鼠标移动到按钮时,按键后台的颜色	Button (win, text = " H ", activeforeground = "green")

续表

属　　性	描　　述	使　用　样　例
bg	后台的颜色 bg＝"yellow"　　　♯ 黄色 bg＝"red"　　　　　♯ 红色 bg＝"light green"　♯ 淡绿 bg＝"dark blue"　　♯ 深蓝 bg＝"gray"　　　　　♯ 灰色 bg＝"♯40E0D0"　　♯ RGB颜色	Button(win,text＝"H",bg＝"yellow")
bitmap	指定图片	后面章节会详细讲述
font	设置字形和尺寸	Button (master, text ＝ " Helvetica ", font ＝("Helvetica", 16))
fg	文字的颜色,颜色指定方法同 bg	Button (win, text ＝ " Hello No2!", fg ＝ " red ",bg＝"yellow")
height	高度	Button (win,text＝"H",height＝100)
image	指定图片	Label(win, image) ＝ ImageTk. PhotoImage(Image. open("1. png"))
text	设置组件的文字,可以使用"\n"作为转行	Button(win,text＝"Hello World!")
width	宽度	Button(win,text＝"H",width＝100)
command	按下按键后的触发事件	Button(win,text＝"H",command＝event1)

按键的方法如下：在程序中通过 tk. Button 添加一个按键,并指定该按键按下去后,会调用 event1 自定义的函数,而显示"btn1 pressed. "。

【实例 49】 05-TkUI5Button. py

```
1.  try:
2.      import Tkinter as tk                # 在 Python 2 上调用该 Tkinter 函数库
3.  except ImportError:
4.      import tkinter as tk                # 在 Python 3 上调用该 Tkinter 函数库
5.  def event1():                           # 预定义函数 event1()
6.      print("btn1 pressed. ")             # 显示文字
7.  btn1 = tk. Button(win,text = "press me",command = event1)   # 按键,按下时调用 event1
8.  btn1. pack()                            # 加入组件
9.  win. mainloop()                         # 程序做无限循环
```

运行结果如图 6-7 所示。

btn1 pressed.

图 6-7　运行结果

【练习题】

请编写一个窗口程序,在上面显示一个图片的按键,并指定该按键按下去后,会显示
"btn1 pressed."的文字。

【实例50】 06-TkUI6Button2WithImage.py

```
1.  try:
2.      import Tkinter as tk              # 在 Python 2 上调用该 Tkinter 函数库
3.  except ImportError:
4.      import tkinter as tk              # 在 Python 3 上调用该 Tkinter 函数库
5.  from PIL import ImageTk, Image
6.  def event1():                         # 预定义函数 event1()
7.      print("btn1 pressed.")
8.  win = tk.Tk()                         # 创建 GUI 应用程序的主窗口
9.  img = ImageTk.PhotoImage(Image.open("button.png"))   # 读入图片
10. btn1 = tk.Button(win,text = "press me", image = img ,command = event1)  # 图片按键,按下
                                                                            # 时调用 event1
11. btn1.pack()                           # 加入组件
12. win.mainloop()                        # 程序做无限循环
```

运行结果如图 6-8 所示。

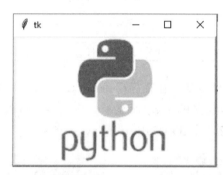

btn1 pressed.

图 6-8 运行结果

教学视频

6.6 消息窗口 tkMessageBox

本节将介绍消息窗口 tkMessageBox,用来显示消息和询问用户的选择。依照参数的不
同,有几个样板可以使用,如下所示。

- showinfo：显示消息。
- showwarning：警告消息。
- showerror：显示错误。
- askquestion：询问问题。
- askokcancel：确认或取消。
- askyesno：是或否。
- askretrycancel：询问要重新运行或取消。

语法：

```
tkMessageBox.FunctionName(title, message[, options])
```

参数：

- title 标题：消息窗口的标题。
- Message 内容文字：在消息窗口中要显示的内容文字。
- options 属性：可以依照实际需要通过逗号添加。

【实例 51】 07-TkUI7tkMessageBox.py

```
1.  try:
2.      import Tkinter as tk                               # 在 Python 2 上调用该 Tkinter 函数库
3.      import tkMessageBox                                # 在 Python 2 上调用 tkMessageBox 函数库
4.  except ImportError:
5.      import tkinter as tk                               # 在 Python 3 上调用该 Tkinter 函数库
6.      import tkinter.messagebox as tkMessageBox          # 调用 tkMessageBox 函数库
7.  def hello():
8.      tkMessageBox.showinfo("Say Hello", "Hello World")  # 显示消息窗口
9.
10. win = tk.Tk()                                          # 创建 GUI 应用程序的主窗口
11. B1 = tk.Button(win, text = "Say Hello", command = hello).  # 创建按钮
12. B1.pack()                                              # 加入组件
13. win.mainloop()                                         # 显示窗口
```

运行结果如图 6-9 所示。

图 6-9　运行结果

以下实例会显示多个消息窗口。

【实例 52】 08-TkUI8tkMessageBoxs.py

```
1.   try:
2.       import Tkinter as tk                                      # 在 Python 2 上调用该 Tkinter 函数库
3.       import tkMessageBox                                       # 在 Python 2 上调用 tkMessageBox 函数库
4.   except ImportError:
5.       import tkinter as tk                                      # 在 Python 3 上调用该 Tkinter 函数库
6.       import tkinter.messagebox as tkMessageBox                 # 在 Python 3 上调用 tkMessageBox 函数库
7.
8.   def hello():
9.       tkMessageBox.showinfo("PowenKo.com", "showinfo")          # 消息窗口
10.      tkMessageBox.showwarning("PowenKo.com", "showwarning")    # 警告
11.      tkMessageBox.showerror("PowenKo.com", "showerror")        # 错误
12.      result = tkMessageBox.askquestion("PowenKo.com", "askquestion")    # 询问
13.      print(result)
14.      result = tkMessageBox.askokcancel("PowenKo.com", "askokcancel")    # 取消确认窗口
15.      print(result)
16.      result = tkMessageBox.askyesno("PowenKo.com", "showeraskyesnoror") # 是否窗口
17.      print(result)
18.      result = tkMessageBox.askretrycancel("PowenKo.com", "askretrycancel") # 重试窗口
19.      print(result)
20.
21.  win = tk.Tk()                                                 # 创建 GUI 应用程序的主窗口
22.  B1 = tk.Button(win, text = "Say Hello", command = hello)      # 添加按钮
23.  B1.pack()                                                     # 加入组件
24.  win.mainloop()                                                # 程序做无限循环
```

运行结果如图 6-10 所示。

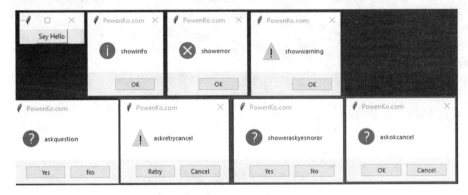

图 6-10　运行结果

教学视频

6.7　输入框 Entry

本节将介绍如何新增输入框 Entry，并且取得用户所输入的数据。

语法：

```
w = Entry( master, option,... )
```

参数：

- master 窗口：要添加的窗口指针。
- options 属性：可以依照实际需要通过逗号添加。

属性的部分和 6.5 节按键中属性部分的内容几乎一样，这里不再赘述。

本实例在程序中通过在一个指定的窗口添加一个输入框和一个按键，并指定该按键按下去后，会显示用户在输入框输入的文字。

【实例 53】　09-TkUI9Entry-python3

```
1.  try:
2.      import Tkinter as tk              # 在 Python 2 上调用该 Tkinter 函数库
3.  except ImportError:
4.      import tkinter as tk              # 在 Python 3 上调用该 Tkinter 函数库
5.
6.  def event1():
7.      print(entry1.get())               # 显示文字
8.      t1 = entry1.get()
9.      v.set(t1)                         # 把 entry 的文字放入 label1 中
10. win = tk.Tk()                          # 创建 GUI 应用程序的主窗口
11. entry1 = tk.Entry(win)                 #  新增输入框 Entry
12. entry1.pack()                          #  加入组件
13. btn1 = tk.Button(win, text = "press me", command = event1)   # 按键，按下时调用 event1
14. btn1.pack()                           # 加入组件
15. v = StringVar()                       # 组件变量
16. label1 = tk.Label(win, text = "Hello World!", textvariable = v)   # 新增文字
17. label1.pack()                         # 加入组件
18. v.set("New Text!")                    # 设置文字符件的文字
19. win.mainloop()                        # 程序做无限循环
```

运行结果如图 6-11 所示。

另外，如果想要参考此程序如何在 Python 2 上运行，可以参考实例 54。

【实例 54】　09-TkUI9Entry-python2.py

该实例见配套资料。

【练习题】

请开发一款人民币转为美元的软件。答案可以参考实例55。

【实例55】 TkUI10Entry-python3-Exam.py

该实例见配套资料。

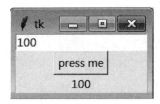

图 6-11　运行结果

教学视频

6.8　绘图 Canvas

本节将介绍如何使用 Canvas 绘图的功能,并且依次展示画出圆饼图、显示图片等结果。在该 Canvas 绘图中比较特别的是 bind 函数,它可以获取鼠标相关的位置。

【实例56】 TkUI11Canvas.py

```
1.  #!/usr/bin/python
2.  try:
3.      import Tkinter as tk                          # 在 Python 2 上调用 Tkinter 函数库
4.  except ImportError:
5.      import tkinter as tk                          # 在 Python 3 上调用 Tkinter 函数库
6.  from PIL import ImageTk, Image                    # 导入 Pillow 影像函数库
7.
8.  win = tk.Tk()                                     # 创建 GUI 应用程序的主窗口
9.  c1 = tk.Canvas(win, width = 1000, height = 200)   # 设置绘图的尺寸 1000 × 200
10. coord = 10, 10, 100, 100
11. arc = c1.create_arc(coord, start = 0, extent = 350, fill = "red")  # 画红色圆饼
12.
13. img =   ImageTk.PhotoImage(file = "python.png")
14. c1.create_image(300,100,image = img)                              # 显示图片
15.
16. c1.create_line(500,100,600,10, fill = "red", width = 3)           # 画红线
17.
18. c1.create_text(700,50,   text = "PowenKo")                        # 显示文字
19.
20. c1.create_rectangle(800,50,900,100,fill = "blue")                 # 画蓝色矩形
21.
22. def paint( event ):                                               # 画画功能
23.     python_green = "#476042"
```

```
24.    x1, y1 = ( event.x - 1 ), ( event.y - 1 )              # 取得鼠标按下的位置
25.    x2, y2 = ( event.x + 1 ), ( event.y + 1 )
26.    c1.create_oval( x1, y1, x2, y2, fill = python_green )   # 画圆点
27.
28. c1.bind( "<B1-Motion>", paint )                           # 取得鼠标位置

30. c1.pack()                                                  # 加入组件
31. win.mainloop()                                             # 程序做无限循环
```

运行结果如图 6-12 所示。

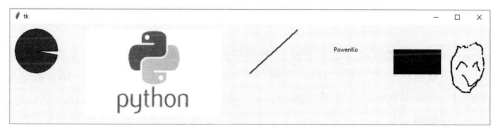

图 6-12   运行结果（见彩插）

运行的时候,在窗口上面通过鼠标的单击和拖动,可以体验到 bind() 的功能,可以像小画家一样绘制出图 6-12 右边的笑脸。

教学视频

## 第 7 章

数据容器 Containers

在 Python 中处理大量的数据会通过数据容器 Containers 来进行,本章将会介绍如何在 Python 多种数据中进行存储、提取和切割。

Python 中有几个数据容器,分别如下:

- List,数组,如同 Array 数组。
- Dictionarie,字典,可以通过文字来访问数据。
- Sets,序列集,做数学交集、并集等计算时使用。
- Tuple,序列,类似 Dictionarie,但是预定义方式不同。

7.1 List 数组

在 4.6 节中已经提到过 List 数组,标准 Python 的数据容器只有 List。

List 数组中可以使用的方法(method)如表 7-1 所示。

表 7-1 List 数组中可以使用的方法

方　　法	描　　述	使 用 样 例
append()	添加数据到数组的最后	list1 =[3, 1, 2] list1.append(100)
extend()	添加矩阵数据到数组最后	list1.extend([7,8,9])
insert()	添加数据到指定的位置	list1.insert(2,3)
remove()	删除指定的数据	list1.remove('hello')
pop()	取得和删除最后的数据	list1.pop()
clear()	删除所有的数据	List1.clear()
index()	取得指定位置的数据	list1.insert(2,3) #在第 2 个数据放入 3
count()	查询某项数据出现的次数	list1.count(1)
sort()	顺序排列数据	list1.sort()
reverse()	倒置数组	list1.reverse()
copy()	复制	list2=list1.copy()

【实例 57】 01-List1.py

```
1.  list1 = [3, 1, 2]                    # 创建 list
2.  print(list1)                         # 输出为 [3, 1, 2]
3.  print(list1[2])                      # 显示第 2 条,输出为 2
4.  print(list1[−1])                     # 显示第 −1 条,意思是最后一条,输出为 2
5.  list1[2] = 'hello'                    # 在第 2 条添加 'hello'
6.  print(list1)                         # 输出为 [3, 1, 'hello']
7.  list1.append('powenko')              # 在最后添加 'powenko'
8.  print(list1)                         # 输出为 [3, 1, 'hello', 'powenko']
9.  x = list1.pop()                      # 取得和删除最后的数据
10. print(list1)                         # 输出为 [3, 1, 'hello']
11. print(x)                             # 输出为 powenko
12. list1.remove('hello')                # 删除有 'hello' 的数据
13. print(list1)                         # 输出为 powenko
14. list1 = list1 * 2                    # 原本的数据重复 2 次
15. print(list1)                         # 输出为 powenko
16. list1 = list1 + [4,5,6]              # 添加 4、5、6 的数据
17. print(list1)                         # 输出为 [3, 1, 3, 1]
18. list1.extend([7,8])                  # 添加 7、8 的数据
19. print(list1)                         # 输出为 [3, 1, 3, 1, 4, 5, 6, 7, 8]
20. list1.insert(2,3)                    # 添加数据 3 到指定 2 的位置
21. print(list1)                         # 输出为 [3, 1, 3, 3, 1, 4, 5, 6, 7, 8]
22. list1.sort()                         # 顺序排列数据
23. print(list1)                         # 输出为 [1, 1, 3, 3, 3, 4, 5, 6, 7, 8]
24. list1.reverse()                      # 倒置 list1 数据
25. print(list1)                         # 输出为 [8, 7, 6, 5, 4, 3, 3, 3, 1, 1]
26. print(list1.count(1))                # 查询 1 在 list1 出现的次数,输出为 2
27. print(len(list1))                    # list1 的数据长度为 10
28. print( 1 in list1)                   # 查询 1 是否在 list1 之中,输出为 True
```

运行结果如图 7-1 所示。

```
[3, 1, 2]
2
2
[3, 1, 'hello']
[3, 1, 'hello', 'powenko']
[3, 1, 'hello']
powenko
[3, 1]
[3, 1, 3, 1]
[3, 1, 3, 1, 4, 5, 6]
[3, 1, 3, 1, 4, 5, 6, 7, 8]
[3, 1, 3, 3, 1, 4, 5, 6, 7, 8]
[1, 1, 3, 3, 3, 4, 5, 6, 7, 8]
[8, 7, 6, 5, 4, 3, 3, 3, 1, 1]
2
10
True
```

图 7-1 运行结果

教学视频

7.2　List 数组数据的多样性

除一维数组之外,List 数组的数据也可以有多种形式的呈现,并且也能文字和字符串混合。通过以下的实例来了解 List 数组数据的多样性。

【实例 58】　02-List2.py

```
1.   list1 = [1,2,3,4]                           # 设置一维数组的整数
2.   print(list1)                                # 输出为 [1, 2, 3, 4]
3.   list2 = [[1,2],[3,4]]                        # 设置二维数组的整数
4.   print(list2)                                # 输出为 [[1, 2], [3, 4]]
5.   print(list2[1][1])                          # 输出为 4
6.   list3 = [1, "powen", 3.4]                    # 设置一维数组的整数、文字、浮点数
7.   print(list3)                                # 输出为 [1, 'powen', 3.4]
8.   list4 = ["apple", [8, 4, 6], ['p']]          # 设置多维数组
9.   print(list4)                                # 输出为 ['apple', [8, 4, 6], ['p']]
10.  print(list4[1][1])                          # 输出为 4
11.  list5 = [[1,2], [8, 4, 6], ["apple","banana"]]   # 设置多维数组
12.  print(list5)                    # 输出为 [[1, 2], [8, 4, 6], ['apple', 'banana']]
```

运行结果如图 7-2 所示。

```
[1, 2, 3, 4]
[[1, 2], [3, 4]]
4
[1, 'powen', 3.4]
['apple', [8, 4, 6], ['p']]
4
[[1, 2], [8, 4, 6], ['apple', 'banana']]
```

图 7-2　运行结果

教学视频

7.3　List 的数学处理

List 数组的数据也能做数学计算,只是方法相当特殊。通过以下实例来了解 List 数组数据的数学处理方式。

【实例 59】　03-List3-Math.py

```
1.   list1 = [1,2,3,4]                    # 设置一维数组的整数
2.   print(list1)                         # 输出为 [1, 2, 3, 4]
3.   print(list1 * 2)                     # 将数据复制 2 次,输出为 [1, 2, 3, 4, 1, 2, 3, 4]
4.
5.   i = 0                                # 方法一: 将每个数据内容乘 2
6.   for x in list1:                      # 把每个 list1 的每一个数据取出为 x
```

```
7.      list1[i] = list1[i] * 2                      # 把每一个数据 x 乘 2,再放回原处
8.      i = i + 1
9.  print(list1)                                     # 输出 [2, 4, 6, 8]
10.
11. list1 = [1,2,3,4]
12. list1 = [x * 2 for x in list1]                   # 方法二:将每个数据内容乘 2
13. print(list1)                                      # 输出 [2, 4, 6, 8]
14.
15. list1 = [1,2,3,4]
16. list1 = [x * 2 for x in list1 if x % 2 == 0]     # 只处理符合条件的数据 if x % 2 == 0
17. print(list1)                                      # 输出 [4, 8]
18.
19. list1 = [1,2,3,4]
20. list1 = [x for x in list1 if x >= 3]             # 只处理符合条件的数据 if  x >= 3
21. print(list1)                                      # 输出 [3, 4]
22.
23. list1 = [59,60,70,80]
24. list1 = [x * * 2 for x in list1 if x < 60]       # 对于小于 60 的数据进行开平方运算
25. print(list1)
26.
27. list1 = [20,30,50,80]
28. list1 = [x for x in list1 if (x >= 30 and x <= 50)]  # 列出 30 到 50 之间的数据
29. print(list1)                                     # 输出[30, 50]
```

运行结果如图 7-3 所示。

程序中第 3 行"print(list1 * 2)"的结果是把现有的数据再复制一次,并且放置在最后。在 Python 中将每个数据乘 2 使用第 5～9 行的方式。然而,程序第 12 行也是同样的结果,把每个数据乘 2,但是写法非常特别,即[x * 2 for x in list1]。程序的逻辑为:

- [x for x in list1]把每个 list1 的数据取出为 x,并组成 List,输出为[1,2,3,4]。
- [x * 2 for x in list1]把每个 list1 的数据取出为 x,并将 x 乘 2 后组成 List,输出为[2,4,6,8]。
- [x * 2 for x in list1 if x % 2==0]把每个 list1 的数据取出为 x,并且只处理符合条件(if x % 2==0)的数据,所以也就是[2,4],再将 x 乘 2 后组成 List,输出为[4,8]。
- [x for x in list1 if x >= 3] 把每个 list1 的数据取出为 x,并只处理符合条件(if x >= 3)的数据,所以也就是[3,4],再组成 List,输出为[3,4]。

```
[1, 2, 3, 4]
[1, 2, 3, 4, 1, 2, 3, 4]
[2, 4, 6, 8]
[2, 4, 6, 8]
[4, 8]
[3, 4]
[3481]
[30, 50]
```

图 7-3　运行结果　　　　　　　　　　　　　　教学视频

7.4　Slicing 切片

Python 还提供了简洁的语法来访问子列表,被称为切片(Slicing)。这个内容非常重要,后面数据处理的章节中,大多都是用这个方法切割出要用的有效数组数据。

假设 list1 的数据为[0,1,2,3,4],在这个程序中的切割方法如下:

- list1[0:2],取出 list1[0]和 list1[1]的数据,也就是输出[0,1]。
- list1[1:],取出 list1[0]后的所有数据,也就是输出[1,2,3,4]。
- list1[:3],取出 list1[3]之前的所有数据,也就是输出[0,1,2]。
- list1[:−2],"−2"指取出从后面算起的第 2 个数据,list1[:−2]也就是同 list1[:3],取出第 0 个到倒数第 2 个之间的数据,即输出[0,1,2]。
- list1[−2:],也就是同 list1[3:],所以取出第 3 个到倒数第 2 个之间的数据,即输出[3,4]

通过以下实例就能看出数据切割的用法。

【实例 60】　04-Slicing.py

```
1.  list1 = [0,1,2,3,4]          # list1 为 [0,1,2,3,4]
2.  print(list1)                 # 输出 [0,1,2,3,4]
3.  print (list1[2])             # 输出 2
4.  print(list1[2:4])            # 输出 [2,3],Python 2 版本
5.  print(list(list1[2:4] )      # 输出 [2,3],Python 3 版本
6.  print (list1[2:])            # 输出 [2,3,4]
7.  print (list1[:2])            # 输出 [0,1]
8.  print (list1[:])             # 输出 [0,1,2,3,4]
9.  print (list1[:−1])           # 输出 [0,1,2,3]
10. try:
11.     list1[2:4] = [8, 9]      # Python 3 设置 [0:2] 位置的数据为 [8, 9]
12. except:
13.     list1[2] = 8             # Python 2 设置 [0:2] 位置的数据为 [8, 9]
14.     list1[3] = 9
15. print(list1)                 # 输出 [8, 9, 2, 3, 4]
```

运行结果如图 7-4 所示。

```
[0, 1, 2, 3, 4]
2
[2, 3]
[2, 3, 4]
[0, 1]
[0, 1, 2, 3, 4]
[0, 1, 2, 3]
[0, 1, 8, 9, 4]
```

图 7-4　运行结果

教学视频

7.5 Dictionarie 字典

Dictionarie 字典通过（key，value）的数据模式来预定义每一个数据，并通过逗号来区分每一个数组，比如 d = {'cat'：'cute'，'dog'：'love'} 就是创建两组数据。

- 第 0 个数组 key 是 cat，value 是 cute。
- 第 1 个数组 key 是 dog，value 是 love。

【实例 61】 05-Dictionaries1.py

```
1.   d = {'cat': 'cute', 'dog': 'love'}          # 创建两组数据
2.   print(d['cat'])                             # 输出 cute,第 1 组数据 key 是 dog,value 是 cute
3.   print('cat' in d)                           # 输出 True,是否有 'cat' 在 d 这里面?有
4.   d['fish'] = 'wet'                           # 添加数据,key 是 fish,value 是 wet
5.   print(d['fish'])                            # 输出 wet,第 2 组数据 key 是 fish,value 是 wet
6.   print(d.get('monkey', 'N/A'))               # 是否有 'monkey',没有就打印 N/A
7.   print(d.get('fish', 'N/A'))                 # 是否有 'fish',没有就打印 N/A
8.   del(d['fish'])                              # 删除 key 是 fish 的数据
9.   print(d.get('fish', 'N/A'))                 # 是否有'fish',没有就打印 N/A
10.
11.  d = {'person': 2, 'dog': 4, 'spider': 8}    # 创建三组数据
12.  for animal in d:                            # 取出这些数据的每一个 key
13.      legs = d[animal]                         # 依照 key 取出值
14.      print('A %s has %d legs' % (animal, legs))   # 输出 A person has 2 legs 等
```

运行结果如图 7-5 所示。

```
cute
True
wet
N/A
wet
N/A
A person has 2 legs
A dog has 4 legs
A spider has 8 legs
```

图 7-5 运行结果

教学视频

7.6 Set 序列集集合比较

Set 序列集可以用于数学集合论的集合比较，做出交集、并集、差集的运算。

- 交集：数学上，两个集合 A 和 B 的交集是 A 和 B 的相同元素，A 和 B 的交集通常写作 A ∩B。比如，集合{1,2,3}和{2,3,4}的交集是{2,3}。

- 并集：若 A 和 B 是集合，则 A 和 B 的并集是指所有 A 的元素和所有 B 的元素，A 和 B 的并集通常写作 A∪B。比如：集合 {1,2,3} 和 {2,3,4} 的并集是 {1,2,3,4}。
- 差集：两个集合 A 和 B 的差集是 A 去除和 B 相同的元素后得到的集合，A 和 B 的差集通常写作 A − B。比如，集合 {1,2,3} 和 {2,3,4} 的差集是 {1}。

【实例 62】 06-set.py

```
1.   A = {1, 2, 3, 4, 5}                # 设置 A 的元素
2.   B = {4, 5, 6, 7, 8}                # 设置 B 的元素
3.
4.   print(A - B)                       # A 和 B 的差集 A − B,输出 {1, 2, 3}
5.   print(A & B)                       # A 和 B 的交集 A & B,输出 {4, 5}
6.   print(A.intersection(B))           # A 和 B 的并集 A∪B,输出 {1, 2, 3, 4, 5, 6, 7, 8}
7.   print(A | B)                       # A 和 B 的并集,输出 {1, 2, 3, 4, 5, 6, 7, 8}
8.   print(A.union(B))                  # A 和 B 的交集 A & B,输出 {4, 5}
9.
10.  print(A)                           # A 输出 {1, 2, 3, 4, 5}
11.  A.discard(2)                       # A 集合中去除数字 2
12.  print(A)                           # A 现在为 {1, 3, 4, 5}
13.  A.remove(4)                        # A 集合中去除数字 4
14.  print(A)                           # A 现在为 {1, 3,5}
15.  A.add(4)                           # A 集合中添加数字 4
16.  print(A)                           # A 现在为 {1, 3,4, 5}
17.  A.update([2,3,4])                  # A 集合中添加数字 2,3,4
18.  print(A)                           # A 现在为 {1, 2, 3, 4, 5}
```

运行结果如图 7-6 所示。

```
{1, 2, 3}
{4, 5}
{1, 2, 3, 4, 5, 6, 7, 8}
{1, 2, 3, 4, 5, 6, 7, 8}
{4, 5}
{1, 2, 3, 4, 5}
{1, 3, 4, 5}
{1, 3, 5}
{1, 3, 4, 5}
{1, 2, 3, 4, 5}
```

图 7-6　运行结果

教学视频

7.7　Tuple 序列

Tuple 是序列，就像 List 数组一样，不同的是，Tuple 元组使用大括号{}，而 List 列表使用方括号[]。

创建一个元组与放置不同的逗号分隔值一样简单，也可以将这些以逗号分隔的值放在圆括号之中。

Tuple 序列是一个列表，数据长度是不可变的。Tuple 在很多方面与列表类似，最主要的差异：Tuple 可以用作 Dictionary 字典中的键和集合的元素，而 List 列表则不能。

【实例63】 07-Tuples1.py

```
1.  d = {(x, x + 1): x for x in range(3)}        # 预定义 Tuple
2.  print(d)                                      # 输出 {(0, 1): 0, (1, 2): 1, (2, 3): 2}
3.  t = (1,2)
4.  print(t)                                      # 输出 t 的答案为 (1, 2)
5.  print(type(t))                                # 输出 Tuple d 的数据模式为 <class 'tuple'>
6.  print(d[t] )                                  # 输出 d (1, 2)的答案 1
7.  print(d[(1, 2)])                              # 输出 d (1, 2)的答案 1
```

运行结果如图 7-7 所示。

```
{(0, 1): 0, (1, 2): 1, (2, 3): 2}
(1, 2)
<class 'tuple'>
1
1
```

图 7-7　运行结果

教学视频

第 8 章
CHAPTER 8

图表函数库 Matplotlib

8.1 Matplotlib 介绍

Matplotlib 是 Python 最著名的绘图函数库，它提供了一整套图表的 API，可以将数据绘制成图表，而且也可以方便地将它作为绘图控件，嵌入 GUI 应用程序中。

Matplotlib 的文档数据相当多，官方网站 https://matplotlib.org/ 中的 example 里有上百幅图表，如图 8-1 所示，在网站上单击图表就能取得原始程序。因此如果需要绘制某种类型的图，只需要在这个页面中浏览、复制、粘贴，再把数据调整后就能完成。

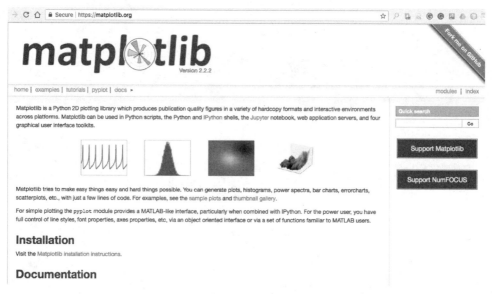

图 8-1　官方网站 https://matplotlib.org/

Matplotlib 是很大的 Python 库,而 pyplot 是 Matplotlib 中的一个模块,本章的绘图几乎都是通过 pyplot 来完成的。本章将会讲述几个常用的图表,进而从中理解和学习 Matplotlib 绘图的一些概念。

请先通过以下的方法装载 Matplotlib 第三方函数库到 Python,如图 8-2 所示。

```
pip install matplotlib
```

```
C:\Users\powen>pip install matplotlib
Requirement already satisfied: matplotlib in c:\programdata\anaconda3\lib\site-packages
Requirement already satisfied: numpy>=1.7.1 in c:\programdata\anaconda3\lib\site-packages (from matplotlib)
Requirement already satisfied: six>=1.10 in c:\programdata\anaconda3\lib\site-packages (from matplotlib)
Requirement already satisfied: python-dateutil>=2.1 in c:\programdata\anaconda3\lib\site-packages (from matplotlib)
Requirement already satisfied: pytz in c:\programdata\anaconda3\lib\site-packages (from matplotlib)
Requirement already satisfied: cycler>=0.10 in c:\programdata\anaconda3\lib\site-packages (from matplotlib)
Requirement already satisfied: pyparsing!=2.0.4,!=2.1.2,!=2.1.6,>=2.0.1 in c:\programdata\anaconda3\lib\site-packages (f
rom matplotlib)
```

图 8-2　装载 Matplotlib

如图 8-3 所示,如果要在 PyCharm 中装载 Matplotlib,请选择 File → Settings 或 Preferences→ Project → Project Interpreter。

（1）选择 Project → Project Interpreter。

（2）通过【＋】号,就能添加和装载 Python 其他的函数库。

（3）输入 matplotlib。

（4）单击 Install Package。

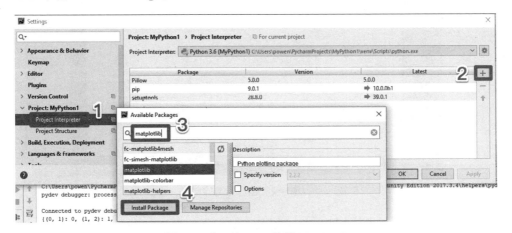

图 8-3　在 PyCharm 装载 Matplotlib

教学视频

8.2 画线

Matplotlib 的 pyplot 子函数库提供了与很多软件都类似的绘图 API,可以快速绘制 2D 图表。看下面的实例。

【**实例 64**】 plot01.py

```
1.  import matplotlib.pyplot as plt    # 导入 Matplotlib 的 pyplot 类,并设置为 plt
2.  plt.plot([1,2,3,4])                # 指定 List 矩阵数据 X 为[0,1,2,3],Y 为[1,2,3,4]
3.  plt.ylabel('some numbers')         # 显示 Y 坐标的文字
4.  plt.show()                         # 绘制
```

运行结果如图 8-4 所示。

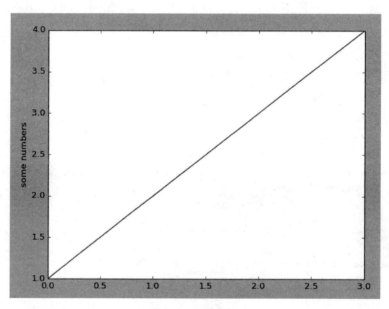

图 8-4 运行结果

教学视频

8.3 画点

plot 的用法很多样,不同的参数就可以有不同的绘图效果。
语法:

```
matplotlib.pyplot.plot( * args, * * kwargs)
```

参数:
- x:要绘制的图表数据 x,矩阵数据。
- y:要绘制的图表数据 y,矩阵数据。
- fmt:图表式样。
- data:对象参数。

先通过以下的实例在[1,1][2,4][3,9][4,16]位置绘制四个红点。具体颜色以实际运行为准,可参考视频讲解。

【实例 65】 plot02_dot.py

```
1.  import matplotlib.pyplot as plt          # 导入 Matplotlib 的 pyplot 类作为 plt
2.  plt.plot(x = [1,2,3,4], y = [1,4,9,16], 'ro')   # 四个红点
3.  plt.axis([0, 6, 0, 20])                  # 图表范围尺寸,x 范围 0～6,y 范围 0～20
4.  plt.show()                               # 绘制
```

运行结果如图 8-5 所示。

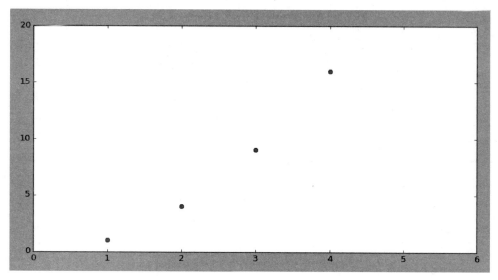

图 8-5 运行结果

如果要改颜色,可以依照表 8-1 进行修改。

表 8-1 常用的 fmt 属性——颜色

字　符	描　述	使　用　样　例	
b	蓝色	plt. plot([1,2,3,4],[1,4,9,16], 'bo')	#蓝色点
g	绿色	plt. plot([1,2,3,4],[1,4,9,16], 'go')	#绿色点
r	红色	plt. plot([1,2,3,4],[1,4,9,16], 'ro')	#红色点
c	青色	plt. plot([1,2,3,4],[1,4,9,16], 'co')	#青色点
m	粉红色	plt. plot([1,2,3,4],[1,4,9,16], 'mo')	# 粉红色点
y	黄色	plt. plot([1,2,3,4],[1,4,9,16], 'yo')	#黄色点
k	黑色	plt. plot([1,2,3,4],[1,4,9,16], 'ko')	#黑色点
w	白色	plt. plot([1,2,3,4],[1,4,9,16], 'wo')	#白色点

图表式样可依照表 8-2 所示内容进行调整。

表 8-2 常用的 fmt 属性——式样

字　符	描　述	使　用　样　例	
.	点标记	plt. plot([1,2,3,4],[1,4,9,16], 'b.')	#蓝色点
,	逗号标记	plt. plot([1,2,3,4],[1,4,9,16], 'g,')	#绿色逗号标记
o	圈标记	plt. plot([1,2,3,4],[1,4,9,16], 'ro')	#红色圈标记
V,^,<,>	三角形标记(四种)	plt. plot([1,2,3,4],[1,4,9,16], 'cv')	#青色三角形标记
1 到 4	三角形标记(四种)	plt. plot([1,2,3,4],[1,4,9,16], 'm^')	# 粉红色三角形标记
s	方形标记	plt. plot([1,2,3,4],[1,4,9,16],'ys')	# 黄色方形标记
p	五角形标记	plt. plot([1,2,3,4],[1,4,9,16], 'kp')	#黑色五角形标记
*	星号标记	plt. plot([1,2,3,4],[1,4,9,16], 'k*')	#黑色星号标记
h 和 H	六角形标记(二种)	plt. plot([1,2,3,4],[1,4,9,16], 'kh')	#黑色六角形标记
d 和 D	钻石标记(二种)	plt. plot([1,2,3,4],[1,4,9,16], 'kd')	#黑色钻石标记
＋和 X	加和叉标记	plt. plot([1,2,3,4],[1,4,9,16], 'k+')	#黑色加号标记
| 和 _	直和横标记	plt. plot([1,2,3,4],[1,4,9,16], 'k|')	#黑色直标记
-	实线	plt. plot([1,2,3,4],[1,4,9,16], 'k-')	#黑色实线
--	虚线式样 1	plt. plot([1,2,3,4],[1,4,9,16], 'k--')	#黑色虚线
:	虚线式样 2	plt. plot([1,2,3,4],[1,4,9,16], 'w:')	#白色虚线
-.	点划线式样	plt. plot([1,2,3,4],[1,4,9,16], 'k-.')	#黑色点划线

【实例 66】 plot03_dots. py

```
1.    import matplotlib.pyplot as plt          # 导入 matplotlib 的 pyplot 类,作为 plt
2.    t = [1,2,3,4]
3.    plt.plot(t, t, 'r--')                    # 画出红色虚线
4.    plt.plot( t, [2,4,6,8],'bs')             # 画出蓝色方块
5.    plt.plot( t, [3,6,9,12], 'g^')           # 画出绿色三角形
```

```
6.  plt.plot( t, [4,8,12,16], 'k:')                 # 画出黑色点线
7.  plt.show()                                       # 绘制
```

运行结果如图 8-6 所示。

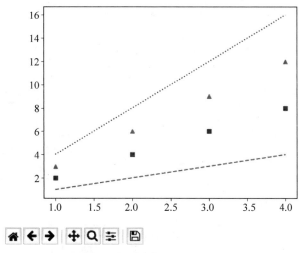

图 8-6 运行结果（见彩插）

教学视频

8.4　画面切割

在实际运用中,需要在相同窗口中显示不同的图表时就要使用 subplot 函数。下面讲述 subplot 中行、列预定义的相关内容。

语法:

```
subplot(nrows, ncols, index, facecolor)
```

参数:

- nrows:要绘制的图表,有上下几个图表。
- ncols:要绘制的图表,有左右几个图表。
- index:第几个。

- facecolor：颜色。

通过以下实例来创建 3 个图表(上面 1 个、下面 2 个)。

【实例 67】 plot04_subplot.py

```
1.   import matplotlib.pyplot as plt
2.   t1 = [1,2,3,4]
3.   t2 = [2,4,6,8]
4.   plt.subplot(2,1,1,facecolor = 'y')          # 上面,底色是黄色
5.   plt.plot(t1, t2, 'ro')                       # 绘制红色圆点
6.
7.   plt.subplot(2,2,3,facecolor = 'k')          # 下面左边,底色是黑色
8.   plt.plot(t2, t2, 'g-- ')                     # 绘制绿色线段
9.
10.  plt.subplot(2,2,4)                           # 下面右边
11.  plt.plot(t2, t2, 'b|')                       # 绘制蓝色直杠
12.  plt.show()                                   # 显示
```

运行结果如图 8-7 所示。

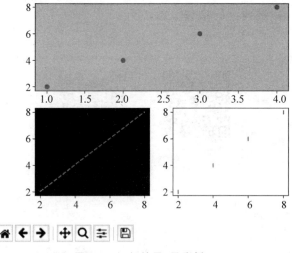

图 8-7 运行结果(见彩插)

程序中第 4 行 subplot(2,1,1,facecolor＝'y')也可以写成 subplot(211)。subplot(211)中数字 211 的意思是指 2 个上下和 1 个左右,使用 2×1 中的第 1 个局部,也就是上方全部的结果。

程序中第 7 行 plt.subplot(2,2,3,facecolor＝'k')也可以写成 subplot(223)。subplot(223)中数字 223 的意思是指有 2×2＝4 个局部,即 2 个上下和 2 个左右,所以画面有 4 个局部,然后是使用其中的第 3 个局部,依照上、下、左、右的顺序来计算,所以会呈现下方左边的结果。

同样,程序中第 10 行 plt.subplot(2,2,4)也可以写成 subplot(224)。subplot(224)中

数字 224 的意思是指使用 2×2 中的第 4 个局部,呈现下方右边的结果。

【练习题】

问题 1:如果有 2 个图表,想要显示上下排列,类似"二"样式的呈现,请问 subplot 要如何设置?

答案:

```
plt.subplot(121)    # 上面
plt.subplot(122)    # 下面
```

问题 2:如果有 2 个图表,想要显示上下排列,像是数字"11"样式的呈现,请问 subplot 要如何设置?

答案:

```
plt.subplot(211)    # 左边
plt.subplot(212)    # 面
```

问题 3:如果想要显示上面 2 个、下面 1 个共 3 个图表,请问 subplot 要如何设置?

答案:

```
plt.subplot(221)        # 上面左边
plt.subplot(222)        # 上面右边
plt.subplot(212)        # 下面
```

教学视频

8.5 显示图片

Matplotlib 图表中也能显示图片,并且在数据的处理中,处理影像后的效果会非常明显。为了之后 NumPy、SciPy 等科学运算的处理,这里通过以下的程序显示图片。

【实例 68】 plot05_image.py

```
1.  import matplotlib.pyplot as plt        # 导入 Matplotlib 的 pyplot 类,并设置为 plt
2.  import matplotlib.image as mpimg       # 导入 image 类,并设置为 mpimg
3.  t = [10,20,30,40]
4.  plt.xlabel('xlabel')                   # 显示 x 坐标的文字
```

```
5.    plt.ylabel('ylabel')                    # 显示 y 坐标的文字
6.    plt.title('title')                      # 显示标题的文字
7.    img = mpimg.imread('powenko.png')       # 读入图片
8.    imgplot = plt.imshow(img)               # 显示图片
9.    plt.plot(t, t, 'r--')                   # 绘制红色线段
10.   plt.text(70, 10, 'Hello! powenko.com')  # 在(70,10)的位置,显示文字
11.   plt.savefig('my.png')                   # 存图片
12.   plt.show()                              # 显示图片
```

运行结果如图 8-8 所示。

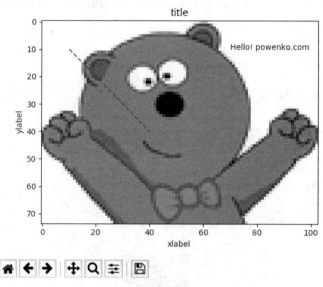

图 8-8 运行结果

教学视频

8.6 在窗口程序中显示图表

本节将通过实例说明如何结合 Tkinter 窗口和 Matplotlib 显示图表。

为达到这个目的,需要使用控件 matplotlib.backends.backend_tkagg 来完成位置和窗口位置摆放的功能。

【实例 69】　plot06_tkinter.py

```
1.  try:
2.         import Tkinter as tk
3.  except ImportError:
4.         import tkinter as tk
5.  import matplotlib.pyplot as plt
6.  from matplotlib.widgets import Slider                    # 滑动组件
7.  from matplotlib.backends.backend_tkagg import FigureCanvasTkAgg   # GUI
8.
9.  win = tk.Tk()                                            # 新增窗口
10. fig = plt.Figure()                                       # 指定绘制组件
11. canvas = FigureCanvasTkAgg(fig, win)                     # 使用 FigureCanvasTkAgg 组件
12. canvas.get_tk_widget().pack()                            # 加到窗口中
13. ax = fig.add_subplot(111)                                # 注意,用来指定位置
14.
15. x = [5,6,7,8]
16. ax.plot(x)                                               # 绘制黑线
17.
18. tk.mainloop()
```

运行结果如图 8-9 所示。

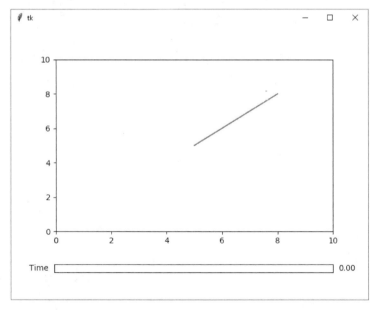

图 8-9　运行结果

GUI 组件如何与 Matplotlib 图表交互?请看下面的程序:新增一个滑动组件 Slider,只要用户移动滑动组件,即改变图表的数字,进而改变 Matplotlib 图表。

【实例 70】　plot07_tkinterSlider.py

```
1.  ...                                          # 导入函数库,与前相同,故省略
2.  win = tk.Tk()                                # 新增窗口
3.  fig = plt.Figure()                           # 指定绘制组件
4.  canvas = FigureCanvasTkAgg(fig, win)         # 使用 FigureCanvasTkAgg 组件
5.  canvas.get_tk_widget().pack()                # 加到窗口中
6.  ax = fig.add_subplot(111)                    # 注意,用来指定位置
7.  fig.subplots_adjust(bottom = 0.25)           # 添加空白
8.
9.  x = [5,6,7,8]
10. ax.plot(x,x)                                 # 绘制黑线
11. ax.axis([0,10, 0, 10])                       # 设置图表尺寸和位置
12.
13. ax_time = fig.add_axes([0.12, 0.1, 0.78, 0.03])  # 设置滑动移动的位置和尺寸
14. Slider1 = Slider(ax_time, 'Time', 0, 30, valinit = 0)  # 新增滑动组件
15.
16. def update(val):                             # 当用户移动滑动组件触发事件
17.     pos = Slider1.val                        # 取得滑动数值
18.     ax.axis([pos, pos + 10, 0, 10])          # 设置图表尺寸和位置
19.     fig.canvas.draw_idle()                   # 画面更新
20. Slider1.on_changed(update)                   # 设置滑动组件的触发事件
21.
22. tk.mainloop()                                # 运行窗口
```

运行结果如图 8-10 所示。

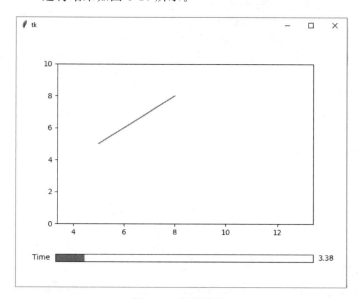

图 8-10　运行结果

教学视频

第9章

文件处理和开放数据

9.1 开放数据介绍

开放数据(Open Data)是一种经过版权拥有者自愿公开、挑选与许可的数据。这些数据可以任意使用,不受著作权、专利权以及其他管理机制所限制,开放给社会公众,任何人都可以使用,自由出版、商业化或者做其他的运用都不加以限制。Open Data 运动希望达成的目标与开放原始码、开放内容、开放获取等其他"开放"(Open)运动类似,如开放源代码(Open Source)等,但 Open Data 名词直到近些年才出现。互联网的崛起使 Open Data 为人所知,DATA.GOV 等 Open Data 政府组织的设立更促进了 Open Data 的发展。在 2004 年时,所有的经济合作与发展组织(Organisation for Economic Co-operation and Development,OECD)会员国签署了一份共同声明,主要内容为:所有由公家机关出资收集的数据都必须要公开释出。

近来国内很多单位和机关加入了 Open Data,相关数据也都可以自由下载获得,世界主要的大城市当前都有自己专用的 Open Data 可供使用和下载。

Open Data 国内相关网站如下:

成都市公共数据开放平台 http://www.cddata.gov.cn/

深圳市政府数据开放平台 http://opendata.sz.gov.cn/

山东公共数据开放网 http://data.sd.gov.cn/

贵阳市政府数据开放平台 http://www.gyopendata.gov.cn/

哈尔滨市政府数据开放平台 http://data.harbin.gov.cn/

陕西省公共数据开放平台 http://www.sndata.gov.cn/

浙江数据开放 http://data.zjzwfw.gov.cn/

河南省公共数据开放平台 http://data.hnzwfw.gov.cn/

武汉市政务公开数据服务网 http://www.wuhandata.gov.cn/whData

长沙市政府门户网站数据开放平台 http://www.changsha.gov.cn/data/

江西省政府数据开放网站 http://data.jiangxi.gov.cn/

福建省公共信息资源统一开放平台 https://data.fujian.gov.cn/odweb/

海南省政府数据统一开放平台 http://data.hainan.gov.cn/

开放广东 http://gddata.gd.gov.cn/

新疆维吾尔自治区政务数据开放网 http://data.xinjiang.gov.cn/index.html

开放宁夏 http://ningxiadata.gov.cn/odweb/index.html

上海市公共数据开放平台 https://data.sh.gov.cn/

佛山市数据开放平台 http://www.foshan-data.cn/

常州市政府数据开放平台 http://opendata.changzhou.gov.cn/

遵义市政府数据开放平台 http://www.zyopendata.gov.cn/

珠海市民生数据开放平台 http://data.zhuhai.gov.cn/

长沙市政府门户网站数据开放平台 http://www.changsha.gov.cn/data/kfsj/wjlx/

苏州市政务数据开放平台 http://www.suzhou.gov.cn/OpenResourceWeb/home

北京市政务数据资源网 https://data.beijing.gov.cn/

数据开放——四川省人民政府网站 http://www.sc.gov.cn/openData/index

天津市信息资源统一开放平台 https://data.tj.gov.cn/

济南公共数据开放网 http://data.jinan.gov.cn/

厦门市大数据安全开放平台 http://data.xm.gov.cn/opendata/index.html#/

青岛公共数据开放网 http://data.qingdao.gov.cn/

广州市政府数据统一开放平台 http://data.gz.gov.cn/

数据东莞 http://dataopen.dg.gov.cn/dataopen/

开放惠州 http://data.huizhou.gov.cn/

蚌埠市信息资源开放平台 http://data.bengbu.gov.cn/

当前 Open Data 所取得数据的格式很多,如 XLS、CSV、TXT 等文本格式的数据,也有 JSON、XML、SOAP 等网页格式的数据。本章会先介绍如何进行文本格式的数据打开和处理,第 10 章会介绍网页格式的数据处理。开放数据的网站示例如图 9-1 所示。

图 9-1 开放数据的网站

9.2 保存

在写程序的时候,一定都需要存储和读入数据。常见的与文件存储和读入相关的函数方法如表 9-1 所示。

表 9-1 常见的与文件存储和读入相关的函数方法

方 法	描 述	使 用 样 例
open()	打开文件	fr＝open('workfile. txt', 'w')
write()	写入数据	fr. write('This is a test\n')
通过 open()取得 List 数据	一次处理读入一行	fw = open('workfile. txt', 'r＋') for line in fw: print(line)
close()	关闭文件	fw. close()

【实例71】 01FileWriteRead. py

```
1.  fr = open('workfile.txt', 'w')          # 保存
2.  fr.write('This is a test\n')            # 写入数据
3.  fr.close()                              # 关闭文件
4.
5.  fw = open('workfile.txt', 'r')          # 打开数据文件
6.  for line in fw:                         # 取读一行数据,一次处理读入一行
7.      print(line)                         # 输出该行
```

运行结果:

```
This is a test
```

open()函数相关参数含义:
- w,写入文档。
- a,写入文档之后。
- r＋,写入旧档。
- w＋,创建文档。
- a＋,读入与附加。

教学视频

9.3 文件复制、删除和列出所有文件

Python 语言标准文件处理使用 os 函数库,列出所有文件使用 shutil 函数库。表 9-2 是常见的与文件复制、删除和列出所有文件相关的处理函数。

表 9-2　常见的与文件复制、删除和列出所有文件相关的处理函数

方　　法	描　　述	使 用 样 例
os. remove(文件名)	删除文件	os. remove ("1. txt")
os. rename (文件名,新文件名)	文件换名称	os. rename ("1. txt","2. txt")
os. listdir(路径)	回传指定路径中的所有文件名称	allFiles = os. listdir('.')
shutil. copy(文件名)	复制文件	fw. close()
os. path. isfile(文件)	是否有该文件	os. path. isfile("1. txt")
os. access(文件, os. R_OK)	能否使用该文件	os. access("1. txt", os. R_OK)

通过以下实例,将 'workfile. txt' 复制到 'workfileCopy. txt',并修改文件名为 'workfileRename. txt'。

【实例 72】　02FileRmDel

```
1.  import os                                                    # 导入文件处理函数 os
2.  import os.path
3.  import shutil                                                # 用于复制文件
4.  FileName1 = 'workfile.txt'
5.  FileName2 = 'workfileCopy.txt'
6.  FileName3 = 'workfileRename.txt'
7.  def FunListAllFiles(iMeg):                                    # 函数
8.  allFiles = os.listdir('.')                                   # 取得该路径所有的文件名称
9.  print(iMeg)                                                  # 显示消息
10. print(allFiles)                                             # 显示所有的文件名称
11.
12. FunListAllFiles("1.")
13. if os.path.isfile(FileName1) and os.access(FileName1, os.R_OK): # 有文件吗
14.     shutil.copy(FileName1, FileName2)                        # 复制文件
15. FunListAllFiles("2.")
16. if os.path.isfile(FileName2) and os.access(FileName2, os.R_OK): # 有文件吗
        os.rename(FileName2, FileName3)                          # 修改文件名
17. FunListAllFiles("3.")
18. if os.path.isfile(FileName3) and os.access(FileName3, os.R_OK): # 有文件吗
19.     os.remove(FileName3)                                     # 删除文件
20. FunListAllFiles("4.")
```

运行结果如图 9-2 所示。

```
1.
['02FileRmDel.py', 'workfile.txt']
2.
['02FileRmDel.py', 'workfile.txt', 'workfileCopy.txt']
3.
['02FileRmDel.py', 'workfile.txt', 'workfileRename.txt']
workfileRename.txt deleted
4.
['02FileRmDel.py', 'workfile.txt']
```

图 9-2　运行结果　　　　　　　　　　　　教学视频

9.4　文件夹

Python 中对文件夹处理的对应函数如表 9-3 所示。

表 9-3　对文件夹处理的对应函数

方　　法	描　　　述	使　用　样　例
os. path. exists('文件夹名'):	当前路径下是否有该文件夹	if os. path. exists('. /folder'):
os. mkdir('文件夹名')	在当前路径下创建文件夹	os. mkdir('. /folder')
os. rmdir ('文件夹名')	在当前路径下删除文件夹	os. rmdir ('. /folder')
os. chdir ('文件夹名')	移动路径	os. chdir ('. /folder')
os. getcwd()	取得当前路径	x＝os. getcwd ()

　　以下实例中,首次运行的时候,会判断工作路径中是否有一个名为 folder 的文件夹,如果没有这个文件夹,将创建一个名为 folder 的文件夹,移动工作路径到该文件夹,且显示当前的工作路径。第二次运行的时候,因为已经有一个名为 folder 的文件夹,则会删除该文件夹,并显示当前的工作路径。

【实例 73】　03Dir. py

```python
1.  import os
2.  import os.path
3.  if os.path.exists('./folder'):        ♯ 当前路径下是否有 folder 文件夹
4.      os.rmdir('./folder')              ♯ 当前路径下删除文件夹
5.      print(os.getcwd())
6.  else:
7.      os.mkdir('./folder')              ♯ 当前路径下创建文件夹
8.      os.chdir('./folder')              ♯ 改变路径
9.      print(os.getcwd())
```

　　运行结果如图 9-3 所示。如果没有 folder 文件夹,就会创建和输出;如果有 folder 文件夹,就会删除和输出。

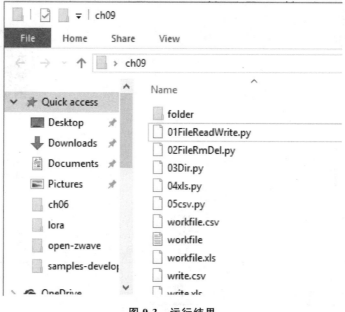

图 9-3　运行结果

教学视频

9.5　读入 Excel 文件

在 Open Data 数据中,各个机构常常使用 Excel 文件格式,本节将介绍如何读入和存储 .xlsx 和 .xls 文件。

首先要升级 pip 装载软件和装载 xlrd 第三方函数库。升级 pip 这个动作很重要,在使用 pip 之前请习惯性地在命令行模式下输入下面讲述的指令,完成之后便可以通过 pip 来装载 xlrd 第三方函数库。

在 Windows 下输入以下内容装载第三方函数库 xlrd,如图 9-4 所示。

```
# python -m pip install -U pip setuptools
# pip install xlrd
# pip install xlwt
```

```
C:\Users\powen>pip install xlrd
Requirement already satisfied: xlrd in c:\programdata\anaconda3\lib\site-packages
You are using pip version 9.0.2, however version 9.0.3 is available.
You should consider upgrading via the 'python -m pip install --upgrade pip' command.
```

图 9-4　在 Windows 下装载第三方的函数库 xlrd

在 Mac 下输入以下内容装载第三方函数库 xlrd：

```
#　pip install – U pip setuptools
#　pip install xlrd
#　pip install xlwt
```

在 PyCharm 中如果要装载 Matplotlib，请选择 File → Settings 或 Preferences → Project → Project Interpreter，如图 9-5 所示。

（1）选择 Project → Project Interpreter。

（2）通过单击【＋】，就能添加和装载其他 Python 函数库。

（3）输入 xlrd。

（4）单击 Install Package。

（5）重复步骤(2)到步骤(4)，装载 xlwt。

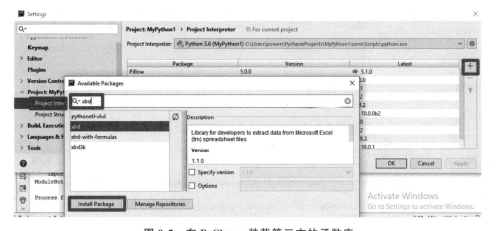

图 9-5　在 PyCharm 装载第三方的函数库

本例的 Excel 文件中的数据，是从 DATA.GOV 网站中获取的弗吉尼亚州阿灵顿县所有学校的数据，修改后保留其中的 100 条数据。

该 Open Data 的取得方法如下：

（1）如图 9-6 所示，打开浏览器输入 www.data.gov。

（2）接着输入 school 或 School Arlington。

（3）单击 Arlington County Private Schools。

（4）单击 XLS 的 Download 按钮进行下载，就能取得数据。

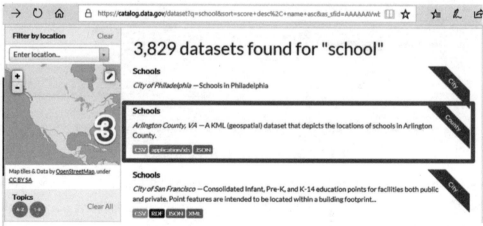

图 9-6　下载 OpenData 数据

(a) 输入school

图 9-6（续）

通过以下程序，将会打开'workfile.xls'文件，把第一个 sheet 窗体内的数据读入进来，然后通过循环的方法，把第一个值域的所有数据写到' write.xls'的第 0 个值域中。

【实例 74】 04xls.py

```
1.  import xlrd              # Excel 的文件函数库
2.  import xlwt              # Excel 的文件函数库
```

```
3.   read = xlrd.open_workbook('workfile.xls')      # 打开 'workfile.xls' 文件
4.   sheet = read.sheets()[0]                        # 把第一个 sheet 的数据读入
5.   print(sheet.nrows)                              # 显示该 Excel 的全部数据
6.   print(sheet.ncols)                              # 显示该 Excel 的值域有几个
7.   write = xlwt.Workbook()                         # 新增一个新的 Excel
8.   write2 = write.add_sheet('MySheet')             # 创建一个 sheet 窗体
9.   for i in range(0, sheet.nrows):                 # 每一条数据通过循环的方法取得
10.      print(sheet.cell(i,1).value)                # 显示该条数据的第一个值域数据
11.      value = sheet.cell(i,1).value               # 取得该条数据的第一个值域数据
12.      write2.write(i, 0, value)                   # 写到第 i 条数据的第 0 个值域数据
13.  write.save('write.xls')                         # 存储到 'write.xls'
```

运行结果如图 9-7 所示。

```
21st Century Digital Learning Enviornments
21st Century Partnership for STEM Education
A Chance to Grow
A Cultural Exchange
A+ College Ready
ABC Learning Foundation, Inc.
ABC Unified School District
Abington School District
Ablemarle County Public Schools
Abriendo Puertas Parental Communications Initiative
```

图 9-7　运行结果

图 9-8 是程序运行后所创建的 write.xls 的内容。

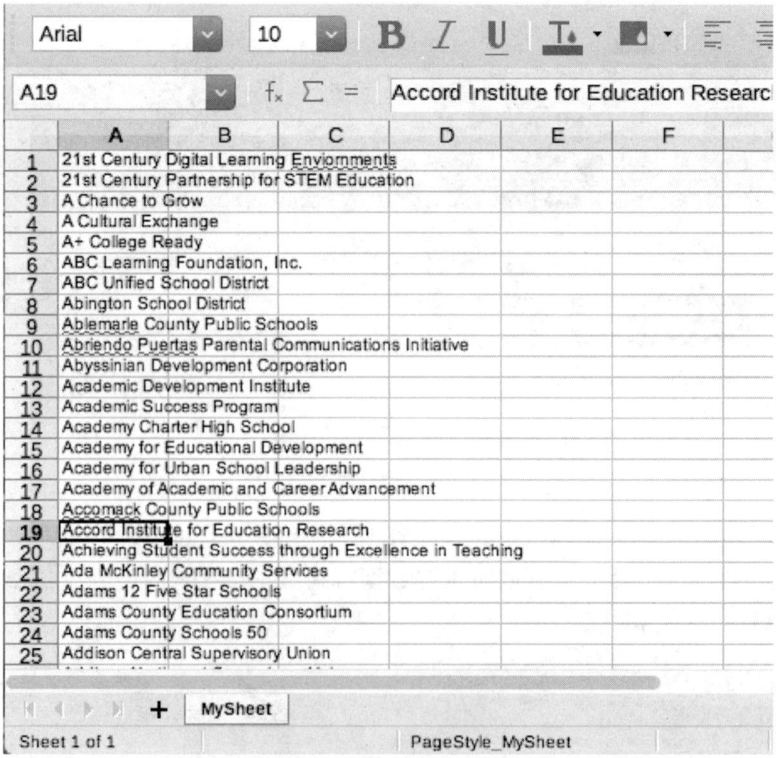

图 9-8　write.xls 的内容

教学视频

9.6 读入、处理和存储 CSV 文件——气象风暴数据

CSV(Comma-Separated Values,逗号分隔值文档格式),有时也称为字符分隔值,因为分隔字符也通常是用逗号、Tab 来区分,以单纯的文本形式来存储表格数据,意味着该文档是一个字符串序列。

推荐使用 WordPad 或是记事本 Notepad 来打开 CSV 格式文件,也可以用 Excel、Open Office 或 LiberOffice 打开。

CSV 格式的通用标准并不存在,但是在 RFC 4180 中有基础性的描述。使用的字符编码同样没有被指定,但是 7 位 ASCII 码是最基本的通用编码。

本实例是处理和显示气象风暴数据的 CSV 文件,并捕获其中前 100 条数据。通过以下方法取得开放数据(Open Data)。

(1) 如图 9-9 所示,打开浏览器输入 https://www.ncdc.noaa.gov/stormevents/链接到 NOAA 国家环境数据网站。

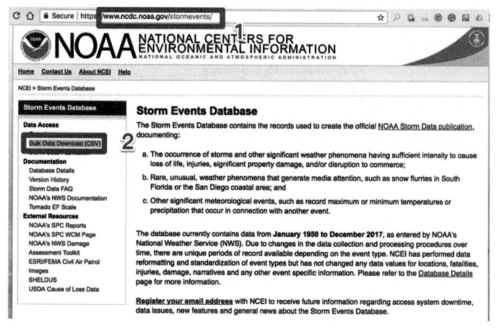

图 9-9　取得气象风暴数据

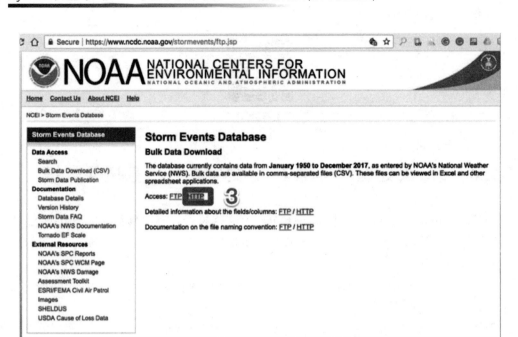

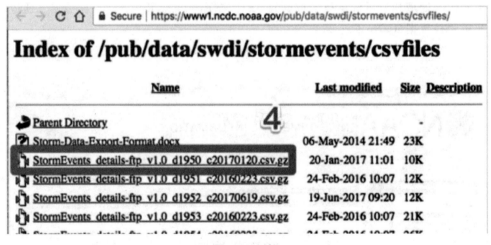

图　9-9（续）

（2）单击 Bulk Data Download（CSV）下载 CSV 数据。

（3）单击 HTTP 通过网络下载数据。

（4）单击最新日期时间的 csv. gz 压缩文件，下载后进行解压缩就完成了。

通过以下程序将打开名为 workfile.csv 的文件，进行读入和输出，最后将数据复制到另外一个 write.csv 文件。

【实例 75】 05csv.py

```
1.    importcsv                                       # CSV 的文件函数库
2.    with open('workfile.csv', 'r') as fin:          # 打开 workfile.csv 文件
3.        with open('write.csv', 'w') as fout:        # 打开 write.csv 文件,准备写入
4.            read = csv.reader(fin, delimiter = ',')  # 读入 CSV 文件,并用逗号区分
5.            write = csv.writer(fout, delimiter = ',') # 存储 CSV 文件,并用逗号区分
6.            header = next(read)                      # 读入文件头值域,也就是第一条数据
7.            print(header)                            # 显示文件头值域
8.            write.writerow(header)                   # 存储文件头值域
9.            for row in read:                         # 读入的每一行数据
10.               print(','.join(row))                 # 显示
11.   write.writerow(row)                              # 存储 CSV
```

运行结果如图 9-10 所示。

	A	B	C	D	E	F	G	H	I
1	BEGIN_YEARMONTH	BEGIN_DAY	BEGIN_TIME	STATE	END_LOCATION	BEGIN_LAT	BEGIN_LON	END_LAT	END_LON
2	201704	6	1509	NEW JERSEY	FRIES MILLS	39.66	-75.08	39.66	-75.08
3	201704	6	930	FLORIDA	FORT MYERS VILLAS	26.501	-81.998	26.5339	-81.8836
4	201704	5	1749	OHIO	FAIRBORN	39.85	-83.99	39.85	-83.99
5	201704	16	1759	OHIO	SUMMERSIDE	39.1065	-84.2875	39.1061	-84.2874
6	201704	15	1550	NEBRASKA	COLE ARPT	40.98	-95.89	40.98	-95.89
7	201704	3	1212	GEORGIA	COLQUITT	31.17	-84.73	31.17	-84.73
8	201704	29	915	INDIANA	VEVAY	38.75	-85.07	38.7465	-85.0766
9	201704	21	1915	VIRGINIA	WESTMORELAND	38.07	-76.54	38.07	-76.54
10	201710	22	1015	GULF OF MEXICO	MARSH ISLAND	29.12	-91.87	29.12	-91.87
11	201704	29	945	OHIO	WILLIAMS CORNERS	39.1945	-84.1362	39.1973	-84.139
12	201704	3	1308	GEORGIA	SYLVESTER-WORTH ARPT	31.5327	-83.8992	31.5327	-83.8992
13	201704	15	1855	NEBRASKA	OAKLAND	41.84	-96.52	41.84	-96.52
14	201704	3	1248	GEORGIA	RADIUM SPRINGS	31.52	-84.13	31.52	-84.13
15	201704	26	757	ARKANSAS	CHARLESTON	35.2971	-94.0383	35.2971	-94.0383
16	201710	21	1520	OKLAHOMA	ROOSEVELT	34.85	-99.02	34.85	-99.02
17	201710	24	224	ATLANTIC NORTH	EAST POINT NJ	39.0557	-75.1575	39.0557	-75.1575
18	201710	24	336	ATLANTIC NORTH	BOWERS BEACH DE	39.1475	-75.2454	39.1475	-75.2454
19	201703	10	800	PENNSYLVANIA					
20	201703	10	800	PENNSYLVANIA					

图 9-10 运行结果

教学视频

## 第 10 章

网　　络

10.1　超文本传输协议 HTTP GET

在实际开发应用程序时,一定都会利用 WiFi 网络进行连接,再通过 HTTP 的方式读入后台的数据,并下载和显示在用户的 PC 上。事实上这靠的是网络服务的技术,也就是大家提到的 Web Service。而与 HTTP 服务器交换数据有两种常见的数据传递方法:HTTP GET 和 HTTP POST,这里先介绍比较常见的 HTTP GET。

1. 创建一个 Web Service

在实际使用上,需要通过 XAMPP、Apache、IIS 等创建一个 Web Service,XAMPP 的装载方法请参考 11.1 节,而 Web Service 的样例可参见 http://www.powenko.com/download_release/get.php? name＝powenko,该网页的 get.php 程序样例如下。

【实例 76】　get.php

```
1.   <?php
2.   echo 'Hello get, name = ' . htmlspecialchars( $ _GET["name"]) . '!';
3.   ?>
```

程序说明:

* 第 1、3 行:指定为 PHP 的程序。
* 第 2 行:获取 GET 传过来名称为 name 的数据,并且显示出来。

该 Web Service 可以通过网址在浏览器上看到结果,如图 10-1 所示。

图 10-1　Web Service 可以通过网址显示

当然也可以用 ASP、.NET、Java 等网页程序,请依据实际的情况来调整。在这个实例中可以看到程序是如何连接到远程的服务器,并获取数据后输出,因为 Python 2 和 Python 3 所需要的函数库不同,在这个实例中将通过 sys.version_info 来判断 Python 版本,并调用对应的函数。

【实例 77】 01HTTP_GET.py

```
1.    import sys
2.    try:
3.        import urllib2 as httplib              ♯Python 2 版本,导入函数库
4.    except Exception:
5.        import urllib.request as httplib        ♯ Python 3 版本,导入函数库
6.    try:                                        ♯ 处理网络连接正常
7.        url = "http://www.powenko.com/download_release/get.php?name = powenko"
8.        req = httplib.Request(url)              ♯ 送出连接的需求
9.        reponse = httplib.urlopen(req)          ♯ 打开网页
10.       if reponse.code == 200:                 ♯ 为 200,连接网页正常
11.           if (sys.version_info > (3, 0)):     ♯ 如果是 Python 3.0 以上版本
12.               contents = reponse.read().decode(reponse.headers.get_content_charset())
13.           else:                               ♯ 如果是 Python 2 版本
14.              contents = reponse.read()        ♯ 取得网页的数据
15.           print(contents)                     ♯ 显示网页的数据
16.   except:                                     ♯ 处理网络连接异常
17.       print("error")
```

运行结果:

```
Hello get, name = powenko!
```

教学视频

如果 URL 是 HTTPS,则在程序中通过 ssl 类来创建 SSL 连接,使用方法如下所示。

【实例 78】 02HTTPS_GET.py

```
1.    import ssl.                                ♯ 导入 SSL 函数库
2.    url = "https://www.google.com.hk"
3.    context = ssl._create_unverified_context()
4.    req = httplib.Request(url)
5.    reponse = httplib.urlopen(req, context = context)
```

```
6.   contents = reponse. read( ). decode( reponse. headers. get_content_charset( ))
7.   print(contents)
```

2. Mac 上的 SSL 的问题

因为有些网络位置是 https,所以 Mac 的开发者会有 SSL 安全性的问题,处理方法是先更新 pip:

```
pip install -- upgrade certifi
```

然后在 Mac 中单击 Finder,并运行以下路径的内容。

```
Applications/Python 3.6/Install Certificates. command
```

就可以解决这个问题。

10.2　超文本传输协议 HTTP POST

网络访问是通过 Web Service 的数据访问方法及 HTTP POST 来进行。通常在网页的 GET 与 POST 时,写过网页窗体的程序员,编写 HTML 窗体语法时都会用到以下的写法。

【实例 79】　post. html

```
< form action = "post.php" method = "post">
      name: < input type = "text" name = "name">< br >
  < input type = "submit" value = "Submit">
</form >
```

大部分的程序员都会采用 POST 进行窗体传送,因为数据有加密的动作会比较安全。通过网页程序调用该网页窗体的名称,就能获取数据。

通过 POST 的技巧,是将数据放在 message-body 进行传送。此外,在传送文件的时候会使用到 multi-part 编码,将文件与其他的窗体值域一并放在 message-body 中进行传送。这就是 GET 与 POST 发送窗体的差异,并且以网络数据安全来看,HTTP POST 会比 GET 安全得多。

这里使用 PHP 来编写一个 HTTP Post Web Service,并且上传到实际网络服务器中一个 PHP 的 Web Service,如 http://www.powenko.com/download_release/post.php。

【实例 80】　post. php

```
<?php
echo 'Hello   post, name = '. htmlspecialchars( $ _POST["name"]) . '!';
?>
```

该如何设置和调用后台服务器的 HTTP,并且使用 POST 的方法传递数据呢？请看以下 Python 程序。

【实例81】 03HTTP_POST.py

```
1.   import sys
2.   try:
3.       import urllib                              # Python 2 版本,导入函数库
4.       import urllib2 as httplib                  # Python 2 版本
5.   except Exception:
6.       import urllib.request as httplib           # Python 3 版本,导入函数库
7.
8.   try:
9.       url = "http://www.powenko.com/download_release/post.php"
10.      values = {'name':'powenko','password':123}  # POST 的数据
11.      if (sys.version_info < (3, 0)):             # 如果是 Python 2 版本
12.          data = urllib.urlencode(values)         # 转换 POST 的数据
13.          req = httplib.Request(url, data)        # 送出连接的需求
14.          reponse = httplib.urlopen(req)          # 打开网页链接
15.          if reponse.code == 200:                 # 为 200,连接网页正常
16.              contents = reponse.read()           # 取得网页的数据
17.      else:                                       # 如果是 Python 3 版本
18.          data = urllib.parse.urlencode(values)   # 转换 POST 的数据
19.          data = data.encode('utf-8')             # 转换为 UTF-8 的 POST 数据
20.          req = urllib.request.Request(url, data) # 送出连接的需求
21.          with urllib.request.urlopen(req) as response: # 打开网页
22.              contents = response.read().decode(response.headers.get_content_charset())
23.      print(contents)                             # 输出网页响应
24.  except:
25.      print("error")
```

运行结果：

```
Hello  post, name = powenko!
```

教学视频

10.3　可扩展标记式语言 XML

开放数据受欢迎的一个原因是：它可以获取网络上的数据，并且转换成 XML 格式后就能取得后台服务器的数据。通过网络传递的几种常见格式中，大家熟知的方法有：

- XML，用文字来表现数据的方法。
- JSON，因为 XML 在呈现数据时需要有较长的文字表现，而 JSON 是它的改良版。
- SOAP，主要在 .NET 中使用，传递数据的方式类似 XML，处理的方法同 XML。

本节先介绍 XML 的处理方法。

XML(Extensible Markup Language，可扩展标记式语言)是一种标记式语言。标记是指计算机所能理解的信息符号，通过此种标记，计算机之间可以处理包含各种信息的文章等。如何预定义这些标记？既可以选择国际通用的标记式语言，比如 HTML，也可以使用像 XML 这样由相关人士自由决定的标记式语言，这就是语言的可扩展性。XML 是从标准通用标记式语言(SGML)中简化修改出来的。

下面是一个标准的 XML。

```
<?xml version = "1.0"?>
< item >
    < to > Powen </to>
    < body > I like Android </body>
</item>
< item >
    < to > Ko </to>
    < body > I like iOS </body>
</item>
```

可以发现，这样的 XML 文字表现很类似数据库的表现方法，只不过 XML 是用文字来表达。这个 XML 所要表现的内容如表 10-1 所示。

表 10-1　XML 所要表现的内容

to(预定义 1)	body(预定义 2)
Powen	I like Android
Ko	I like iOS

在 Python 程序中，可以通过 xml. etree. ElementTree 完成 XML 数据的解析。通过表 10-2 中常用的四个属性可以处理和取得 XML 的数据。

表 10-2　XML 数据解析常用的四个属性

字　符	描　述	使　用　样　例
getiterator	找当前底下特定的数据	root. getiterator("person")　　　♯找 person 的数据
getchildren	找当前底下特定的子数据	lst_node＝root. getiterator("person") lst_node[0]. getchildren()[0]♯找第一个 person 数据中的 name
find	找特定的数据	node_find ＝ root. find('person')　♯找第一个 person 的数据
findall	找所有的数据	node_findall ＝ root. findall("person/name") node1＝node_findall[1]　♯找所有 person/name 并指定第一条数据

【实例 82】　04XML. py

```
1.   from xml. etree import ElementTree              ♯ 导入 xml. etree. ElementTree 函数库
2.   import sys                                      ♯ 导入 sys 系统函数库
3.   def print_node(node):                           ♯ 预定义函数 - 显示 XML 数据
4.       print(" ============================================= ")
5.       print("node. attrib:% s" % node. attrib)
6.           print("node. attrib['age']:% s" % node. attrib['age'])    ♯ 显示 ['age'] 属性
7.       except:
8.           print("node. attrib['age']:null")
9.       print("node. tag:% s" % node. tag)
10.          print("node. text:% s" % node. text)     ♯ 显示该数据的内容
11.      except:
12.          print("node. text:null")
13.
14.  xml2text = """<?xml version = "1.0" encoding = "utf - 8"?>    ♯ 字符串中预定义 XML 数据
15.  < root >
16.  < person age = "18">
17.      < name > Powen Ko </name >
18.      < sex > man </sex >
19.  </person >
20.  < person age = "19" des = "hello">
21.      < name > kiki </name >
22.      < sex > female </sex >
23.  </person >
24.  </root >"""
25.  ♯♯♯♯♯♯♯♯♯♯♯♯♯♯♯♯♯♯♯♯♯♯♯♯♯♯♯♯♯♯♯♯♯♯♯♯♯
                                              ♯ 方法一, getiterator
26.  root = ElementTree. fromstring(xml2text)        ♯ 解析 XML 字符串
27.  lst_node = root. getiterator("person")          ♯ 找 person 的数据
28.  for node in lst_node:                           ♯ 处理每一个 person 的数据
29.      print_node(node) ♯处理 < person age = "18"> 和 < person age = "19" des = "hello">
30.  ♯♯♯♯♯♯♯♯♯♯♯♯♯♯♯♯♯♯♯♯♯♯♯♯♯♯♯♯♯♯♯♯♯♯♯♯♯
                                              ♯ 方法二, getchildren
```

```
31.  if (sys. version_info > (3, 0)):              # 值为2,通过 getchildren
32.      print(" No getchildren API")             # 值为3或0,没有这 API
33.  else:
34.      lst_node_child = lst_node[0].getchildren()[0]   # 找第一个 person 数据中的 name
35.      print_node(lst_node_child)
36.  ###############################################
                                                   # 方法三,find
37.  node_find = root.find('person')               # 找第一个 person 的数据
38.  print_node(node_find)                         # 显示
39.  ###############################################
                                                   # 方法四,findall
40.  node_findall = root.findall("person/name")[1] # 找 person/name 第一条数据
41.  print_node(node_findall)                      # 显示
```

运行结果:

```
============================================
node.attrib:{'age': '18'}
node.attrib['age']:18
node.tag:person
node.text:
 ============================================
node.attrib:{'age': '19', 'des': 'hello'
}
node.attrib['age']:19
node.tag:person
node.text:
No getchildren API
============================================
node.attrib:{'age': '18'}
node.attrib['age']:18
node.tag:person
node.text:
============================================
node.attrib:{}
node.attrib['age']:null
node.tag:name
node.text:kiki
```

补充内容:

笔者最常用的是表 10-2 中的第四种方法,用 findall 方法来处理数据。如果要找第一个 person 数据,可以通过以下方法:

```
node_findall = root.findall("person")[1]
print_node(node_findall)
```

输出为：

```
node.attrib:{'age': '19', 'des': 'hello'
}
node.attrib['age']:19
node.tag:person
node.text:
 No getchildren API
```

教学视频

10.4 JSON

对比 10.3 节中介绍的使用 XML 进行数据传递，如果使用 JSON 传递相同的数据，整个数据长度就会变小很多，网络传递速度也会较快，而且在编写程序处理数据时会很精简，并且能配合 Python 的 Dictionary，非常好用。

JSON(JavaScript Object Notation) 为呈现结构化数据 (structured data)，其当初是 JavaScript 对象的标准格式，常用于网站上的数据呈现、传输（比如将数据从服务器送至用户机），以利于显示网页。因此，本节将说明 Python 搭配 JSON 时的观念和方法，包含如何在 JSON 对象中访问数据项目。

何谓 JSON？常见的 JSON 数据如下：

```
{"Ans":
      {"Status": "ok",
       "message":"working"
      }
};
```

其实我们会发现这和 Python 的 Dictionary 概念很像，都是用 Key：Value 的方法来表现数据，当然相同的数据也用 XML 表示，把刚刚的 JSON 数据翻写成 XML，将会如下所示：

```
< Ans >
   < Status > ok </Status >
   < message > working </message >
</Ans >
```

如何处理 JSON 数据呢? 由以下程序可以看到,通过第 7 行 json.dumps 将 Python 的 Dictionary 数据模式转换 JSON 纯文本数据,第 9 行把 JSON 的文字数据转换成 UTF-8 的 Python 的 Dictionary 数据模式。

【实例 83】 05JSON.py

```python
1.  import json                              # 导入 JSON 函数库
2.  data = {
3.      'name' : 'Powen Ko',
4.      'shares' : 100,
5.      'price' : 542.23
6.  }
7.  json_str = json.dumps(data)              # 字典数据模式转换 JSON 纯文本
8.  print(json_str)
9.  data = json.loads(json_str)              # JSON 纯文本转换 Dictionary 数据模式
10. print(data)
11. print(data['name'])                      # 输出 name 的数据 'Powen Ko'
12. with open('data.json', 'w') as f:        # 把 JSON 数据写入文件 data.json
13.     json.dump(data, f)
14. with open('data.json', 'r') as f:        # 读入 data.json 文件数据到 Dictionary 数据模式
15.     data = json.load(f)
```

运行结果如图 10-2 所示。

```
{"price": 542.23, "name": "Powen Ko", "shares": 100}
{u'price': 542.23, u'name': u'Powen Ko', u'shares': 100}
Powen Ko
```

图 10-2 运行结果

教学视频

## 第 11 章

数 据 库

11.1　下载和装载 MySQL 数据库

本章介绍 MySQL 服务器架设的方法。MySQL 是一个开源的数据库软件,它可以让多个用户同步访问数据库的软件,很多大公司的网站都使用的是 MySQL,如维基百科和 YouTube 等。MySQL 可运行在 BSD UNIX、Linux、Windows 或 Mac OS 操作系统上。

1. 装载 XMAPP

1) 下载与装载 XAMPP 网页服务器架站工具

打开 XAMPP 官方网站 https://www.apachefriends.org/index.html 下载页面,因为笔者想要下载 XAMPP 的免装载版本,所以单击如图 11-1 所示的 Download 来选择 XAMPP 的版本。根据实际的计算机系统环境,下载相应的 XAMPP 软件包,如:笔者使用的是 Windows OS,所以就会选择 XAMPP Windows。当然,它也有 Linux 和 Mac 的版本。

2) 单击版本

XAMPP 软件版本号的命名方式是依照 PHP 的版本命名方式,如果要 PHP 7.0.1 的环境,则选择 7.0.1 的 XAMPP 版本。请依照自己所使用的架站软件要求的 PHP 版本,来选择 XAMPP 版本,笔者可以选择 XAMPP 提供的 PHP 7.2 之后的版本,如图 11-2 所示。

3) 运行 XAMPP 装载程序

下载成功后,单击 xampp-xxx-install 装载程序,如图 11-3 所示。

4) 运行 XAMPP 装载程序

XAMPP 装载的方法与一般的软件一样,原则上不需修改任何的选项,一直单击 Next 直到完成,如图 11-4 所示。

2. 引导 XAMPP

请通过以下方法引导 XAMPP 控制台。

图 11-1 打开 XAMPP 官方网站下载

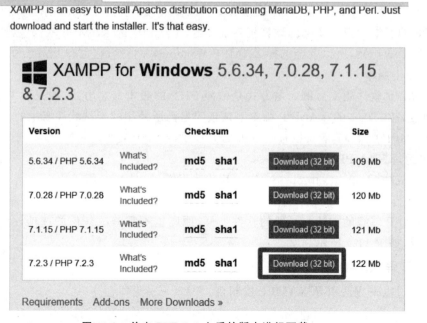

图 11-2 单击 PHP 7.2 之后的版本进行下载

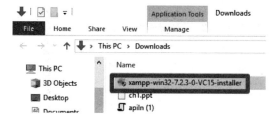

图 11-3 运行 XAMPP 的装载软件

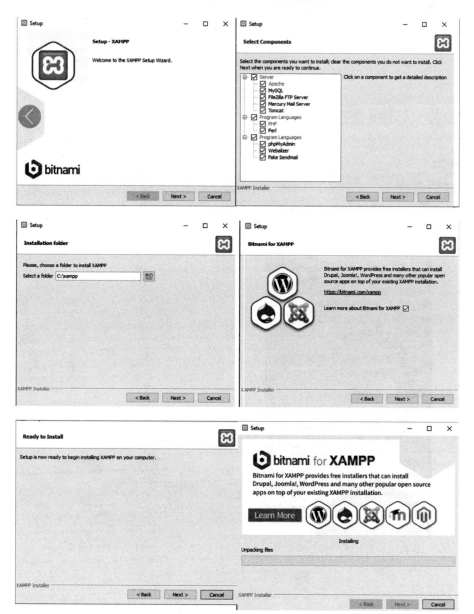

图 11-4 XAMPP 装载过程

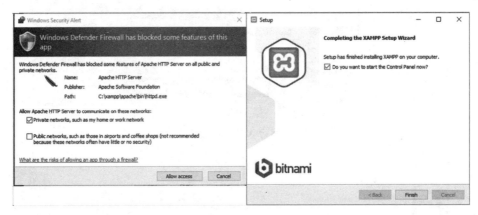

图　11-4（续）

1. 运行 XAMPP 控制台

装载完毕后，就能通过程序集来选择 XAMPP Control Panel，打开 XAMPP 控制台，如图 11-5 所示。

2. 运行语言

如图 11-6 所示，第一次使用时需要选择语言，只有英语和德语供用户选择，选择【英文】，单击 Save 保存。

图 11-5　运行 XAMPP 控制台

图 11-6　选择语言

3. 引导程序

如图 11-7 所示，通过单击 Start 引导 Apache（网页）、MySQL（数据库）、FileZilla

（FTP），而在 Windows 操作系统时，因为安全的关系需要单击 Allow access，成功后就会出现该软件所使用的端口。

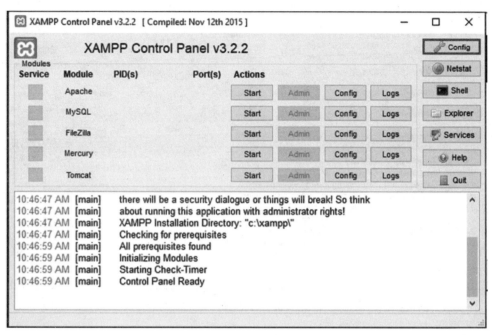

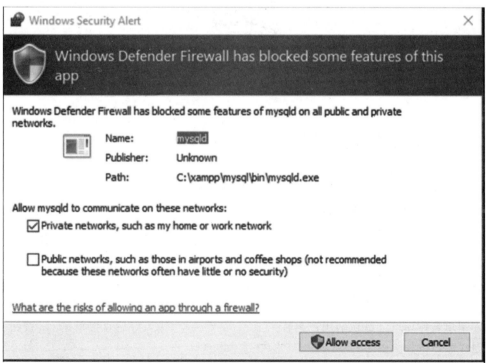

图 11-7 引导

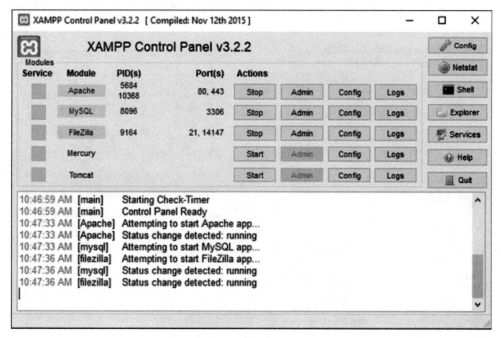

图 11-7（续）

教学视频

11.2 创建数据库用户——Add User

要创建一个新的 MySQL 管理器账号,请通过以下步骤进行。

1. 引导管理程序 phpMyAdmin

在 XAMPP 控制器引导 MySQL 后,如图 11-8 所示,单击 Admin,引导 phpMyAdmin 管理程序。

2. 创建用户账号

phpMyAdmin 的界面中,有的版本需要输入用户名称及密码,但因为第一次使用,只需要输入用户名称即可。默认的用户名称为 root,密码为空,输入好后直接单击 Go 按钮。

创建账户方法如图 11-9 所示。

（1）单击用户账户 User accounts。

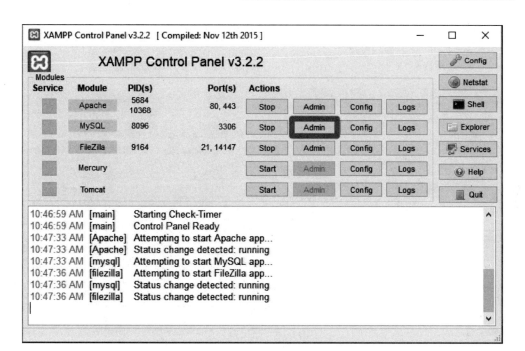

图 11-8 引导 phpMyAdmin

（2）单击创建用户账户 Add user account，来添加新的用户。

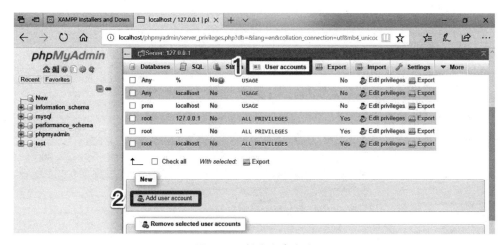

图 11-9 创建账户方法

3. 新用户数据

接下来，在 phpMyAdmin 的界面中，如图 11-10 所示输入登录信息，为了确认后面的 Python 程序可以正确运行，请与图 11-10 中选择一样的数据。

（1）用户名称 User Name：admin。

（2）本机名称 Host name：Local→localhost，一定要注意。

（3）密码 Password：admin。

（4）密码再次输入 Re-type：admin。

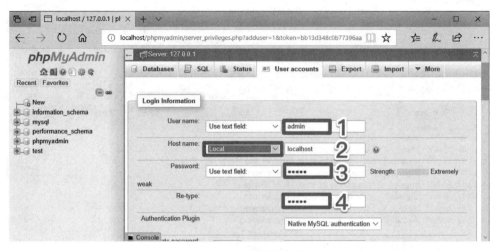

图 11-10　新用户数据

注意　请确认 Host name 一定要选本机 localhost。

4. 域权限的块

域权限的块在网页中间的位置，请将 Global privileges 勾选 Check all，软件就把会这个用户对数据库的控制权全部都设置和引导，如图 11-11 所示。

账号和权限设置完成后，单击 Go 运行。

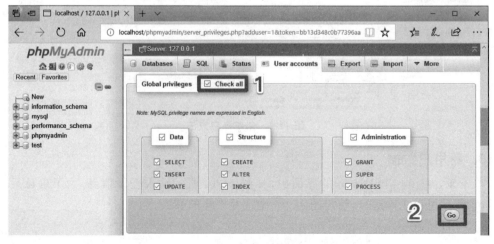

图 11-11　勾选 Check all 和单击 Go 按钮运行

5．确认 admin 账户

完成后如图 11-12 所示，再次单击用户账户 User accounts，确认是否如图 11-12 所示，可以看到创建了一个新用户。

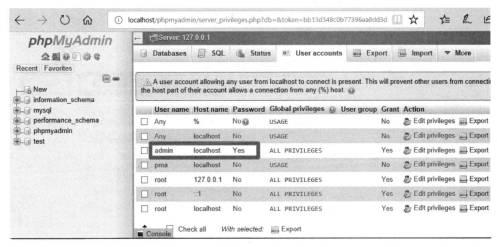

图 11-12　完成创建 admin 账户

教学视频

11.3　创建数据库——Add database

通过以下的方法，就能创建一个新的数据库和窗体。

1．创建数据库 Create database

在 phpMyAdmin 的界面中（见图 11-13），通过以下步骤设置新的数据库。

（1）单击数据库 Databases。

（2）在创建数据库 Create database 中进行名称设置：mydatabase。

（3）在创建数据库 Create database 中进行数据格式设置：utf8_unicode_ci。

（4）单击 Create 来创建一个新的数据库。

2．创建数据库表

如果刚刚的数据库创建成功，如图 11-14 所示，就会在左边看到一个新的 mydatabase 数据库。接下来，需要在数据库创建数据库表，为了确认后面的 Python 程序可以正确运

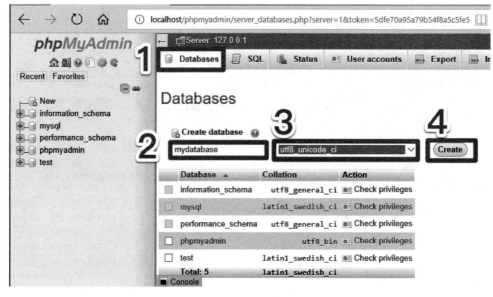

图 11-13　创建数据库

行,请与图 11-14 中数据一致。

(1) 数据库表名 Name:mytable。

(2) 数据库表的列数 Number of columns:4。

(3) 单击 Go。

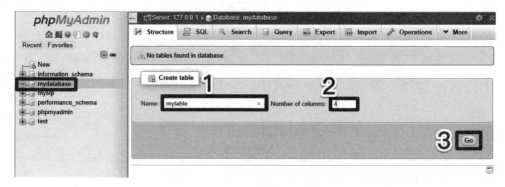

图 11-14　创建数据库表

3. 设置值域名称和式样

为了 Python 程序可以顺利运行,统一都通过以下的方式来设置每一列数的式样,如图 11-15 所示。

(1) 名称 Name:value01,数据模式 Type:VARCHAR 字符,数据长度 Length:255。

(2) 名称 Name:value02,数据模式 Type:VARCHAR 字符,数据长度 Length:255。

(3) 名称 Name:value03,数据模式 Type:VARCHAR 字符,数据长度 Length:255。

（4）名称 Name：value04，数据模式 Type：VARCHAR 字符，数据长度 Length：255。

（5）设置完成后，单击 Go。

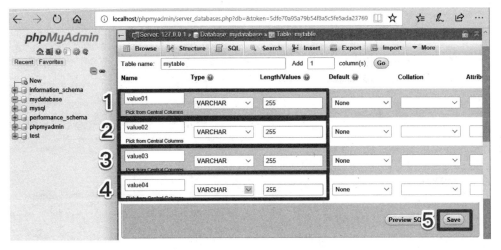

图 11-15 勾选和单击 Go 运行

4. 确认

完成后，可以再次操作以下的步骤，确认是否如图 11-16 所示，可以看到创建了一个新数据库和表格。

（1）单击左边的 mytable，确认数据库表是否创建成功。

（2）单击 Structure。

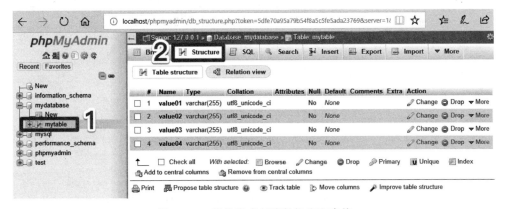

图 11-16 确认完成创建数据库和表格

教学视频

11.4 打开数据库——MySQL-python 和 pymysql

Python 打开 MySQL 需要第三方的函数库,但是因为 Python 版本的关系,请依照实际的版本通过以下的方法装载。

Python 2 版本请装载 MySQL-python:

```
pip install MySQL - python
```

Python 3 版本请装载 pymysql:

```
pip install PyMySQLs
```

MySQL 是十分流行的开源数据库系统,很多知名网站也是使用 MySQL 作为存储的数据库,而 Python 要连接 MySQL 可以使用 MySQL 模块。MySQLdb 模块可以让 Python 程序连接到 MySQL server,运行 SQL 语句及捕获数据等。

【实例 84】 01MySQL_open.py

```
1.  try:
2.    import MySQLdb                          ♯ Python 2 版本,导入函数库
3.  except:
4.    import pymysql as MySQLdb               ♯ Python 3 版本,导入函数库
5.
6.  db = MySQLdb. connect ( host = "127. 0. 0. 1", user = " admin", passwd = " admin", db =
"mydatabase")                               ♯ 连接到数据库
7.  cursor = db.cursor()
```

运行结果如图 11-17 所示。

```
C:\Users\powen\PycharmProjects\MyPython1\venv\Scripts\python.exe C:/Users/powen/Desktop/ch11/01MySQL_open.py

Process finished with exit code 0
```

图 11-17 运行结果

在这个程序中,连接到同一台计算机 127.0.0.1 的 MySQL 中 "mydatabase" 数据库,并确认用户的账号和密码正确。如果运行正常,就不会有错误消息,运行后就会离开程序。

教学视频

11.5 创建数据库数据——insert

在 Python 创建数据库数据的方法其实就是通过 SQL 的语法 insert 来完成。首先介绍 SQL 创建数据库数据的 insert 语法，如下所示：

```
INSERT INTO "表格名" ("值域1", "值域2", …) VALUES ("值1", "值2", …);
```

再举个例子。首先，假设有如表 11-1 所示的数据库，表格名称为 Employees。

表 11-1 示例数据库 Employees

Id （编号）	LastName （姓）	FirstName（名）	Address （地址）	City （城市）
1	Adams	John	Oxford Street	London
2	Bush	George	Fifth Avenue	New York
3	Paul	Thomas	1st Street	Las Vegas

将如下自己的数据加到表 11-1 所示表格中：

```
Powen , Ko,   123 Landess Ave , San Francisco
```

可以通过以下的 SQL 语句来完成。

```
INSERT INTO Employees (Id, LastName,FirstName, Address, City)  VALUES (4,'Powen', 'Ko',  '123 Landess Ave', 'San Francisco');
```

而在 Python 中，如果用之前设置好的表格 value01，value02，value03，value04，要创建数据'1'，'1'，'1'，'1'可用以下的 SQL 语句：

```
"INSERT INTO mytable (value01, value02, value03,value04) VALUES ('1','1','1','1');"
```

实例 85 是完整的程序。
【实例 85】 02MySQL_insert.py

```
1.  try:
2.      import MySQLdb                    # Python 2 版本,导入函数库
3.  except:
4.      import pymysql as MySQLdb         # Python 3 版本,导入函数库
5.
```

```
6.   db = MySQLdb.connect(host = "127.0.0.1", user = "admin", passwd = "admin", db =     # 连接到数据库
"mydatabase")
7.   cursor = db.cursor()                        # 连接
8.   sql = "INSERT INTO mytable (value01, value02, value03,value04) VALUES ('1','1','1','1');"
9.   cursor.execute(sql)                          # 运行创建数据
10.  db.commit()                                   # 送出
```

运行程序后，可以通过 phpMyAdmin，在 mytable 上单击 Browse 观察数据的变化，如图 11-18 所示。

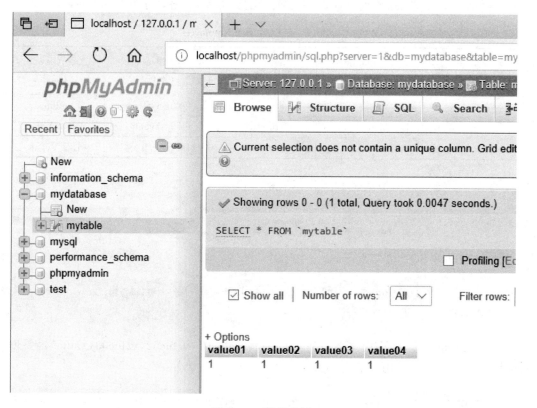

图 11-18　运行结果

教学视频

11.6 取得数据——select

取得数据库最好的方法是通过 SQL 的 select 语法,而本实例将会介绍如何在 Python
上通过 SQL 的 select 取得所有的资料,并显示在列表元件上。

SQL 取得数据的语法:

```
SELECT 栏名称 FROM 表格名称
```

select 最主要的 SQL 语法,就是从数据库的表单中取得要返回的列资料。

问题一:延续 Employees 资料内容,假设想获取全部人员的全名,则 SQL 语法是什么?

```
SELECT FirstName, LastName FROM Employees
```

问题二:如果想找出 City 为 New York 的人员的相关信息,则 SQL 语法是什么?

一般来说会有条件地过滤取得特定想要的结果,那么就需要用 WHERE 来过滤。

```
SELECT * FROM Employees WHERE City = 'New York'
```

在 Python 中,如果要通过 select 取得数据库表格内的资料,可以用以下的 SQL 语法:

```
SELECT * FROM mytable
```

成功后就能通过 cursor.fetchall() 将取得的所有资料转换成 List 阵列,完整的程序如下。

【实例 86】 03MySQL_select.py

```
1.  try:
2.    import MySQLdb                          # Python 2 版本,导入函数库
3.  except:
4.    import pymysql as MySQLdb               # Python 3 版本,导入函数库
5.
6.  db = MySQLdb.connect(host = "127.0.0.1", user = "admin", passwd = "admin", db =
"mydatabase")
7.                                            # 连接到数据库
8.  cursor = db.cursor()
9.  sql = "INSERT INTO mytable (value01, value02, value03,value04) VALUES ('1','1','1','1');"
10. cursor.execute(sql)                       # 运行创建数据
11. db.commit()                               # 送出
12. cursor.execute("SELECT * FROM mytable")   # 取得数据库
13. result = cursor.fetchall()                # 将数据转换成数组
14. for record in result:                     # 取得每一条数据
15.     print("value01 = %s value02 = %s" % (record[0],record[1]))    # 显示
```

运行结果：

```
value01 = 1 value02 = 1
value01 = 1 value02 = 1
```

也可以通过 phpMyAdmin，单击 Browse 观察数据的变化，如图 11-19 所示。

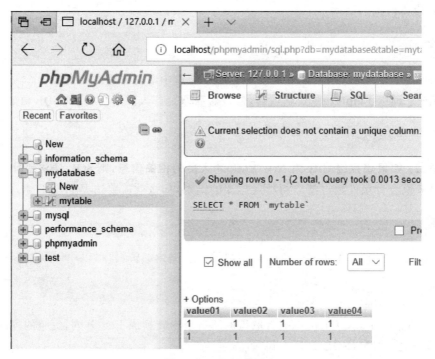

图 11-19　运行结果

教学视频

11.7　删除和修改数据库数据——DELETE 和 UPDATA

1. 删除 DELETE

DELETE FROM 是用来删除数据表格中的数据，语法如下：

```
DELETE FROM 表格名称 WHERE　值域名称 = 数据;
```

做删除的操作要小心,通常都会配合 WHERE 条件指定要删除的数据,不然会把"全部的"数据都删除了。

问题一:延续 11.6 节的 **Employees** 数据内容,如果要删除 City＝'New York' 的人,则 SQL 语法是什么?

```
DELETE FROM 'Employees' where 'City' = 'New York'
```

问题二:延续 11.6 节的 **Employees** 数据内容,如果要删除 LastName＝'Bush' 的人,则 SQL 语法是什么?

```
DELETE FROM 'Employees' where 'LastName' = 'Bush'
```

在 Python 中,如果删除数据库表格内 'value01'＝'2' 的数据,可以通过 SQL 的 DELETE 就能完成,SQL 语法如下:

```
DELETE FROM 'mytable' where 'value01' = '2'
```

2. 修改数据 UPDATA

如果要修改数据表中的数据,就会需要用到 UPDATA,语法如下:

```
UPDATE 表格名称 SET  值域名称 1 = 数据 1, 值域名称 2 = 数据 2… WHERE 值域名称 = 数据;
```

记得要加 WHERE 条件式,这样才会只更新特定某(几)条数据,不然全部的数据都会更改。

问题三:延续 11.6 节的 **Employees** 数据内容,如果要将 City＝'New York' 的人,改成 City＝'San Francisco',则 SQL 语法是什么?

```
UPDATE 'Employees' SET 'City' = 'San Francisco' WHERE 'City' = 'New York'
```

在 Python 中,如果要通过 UPDATA 将数据库 mytable 表格内所有的 'value01'='1',全部更新为 'value01'='2' 的数据,可以用以下的 SQL 语法。

```
UPDATE 'mytable' SET 'value01' = '2' WHERE 'value01' = '1'
```

完整的程序如下。

【实例 87】 04MySQL_delete-update.py

```
1.  try:
2.    import MySQLdb                          # Python 2 版本,导入函数库
3.  except:
4.    import pymysql as MySQLdb               # Python 3 版本,导入函数库
5.
```

```
6.   db = MySQLdb. connect ( host = "127. 0. 0. 1", user = "admin", passwd = "admin", db = "
mydatabase")
7.                                                              # 连接到数据库
8.   cursor = db.cursor()
9.   sql = "INSERT INTO mytable (value01, value02, value03,value04) VALUES ('1','1','1','1');"
10.  cursor.execute(sql)                                        # 运行创建数据
11.  db. commit()                                               # 运行
12.  sql = "UPDATE 'mytable' SET 'value01' = '2' WHERE 'value01' = '1'"
13.  cursor.execute(sql)                                        # 运行更新数据
14.  db. commit()                                               # 运行
15.  sql = "DELETE FROM 'mytable' where 'value01' = '2';"
16.  cursor.execute(sql)                                        # 运行删除数据
17.  db. commit()                                               # 运行
18.
19.  cursor.execute("SELECT * FROM mytable")                    # 取得数据库
20.  result = cursor.fetchall()                                 # 将数据转换成数组
21.  for record in result:                                      # 取得每一条数据
22.      print("value01 = % s value02 = % s" % (record[0],record[1])) # 显示
```

运行结果：

推荐用 debug 和 phpMyAdmin 观看数据的变化。

(1) 在运行到第 7 行时,因为没有数据,如图 11-20 中第 1 幅图所示。

(2) 在运行到第 10 行后,因为创建一条数据,如图 11-20 中第 2 幅图所示。

(3) 在运行到第 13 行后,因为创建一条数据,如图 11-20 中第 3 幅图所示。

(4) 在运行到第 16 行后,因为创建一条数据,如图 11-20 中第 4 幅图所示。

因为数据删除掉了,所以没有输出任何数据。

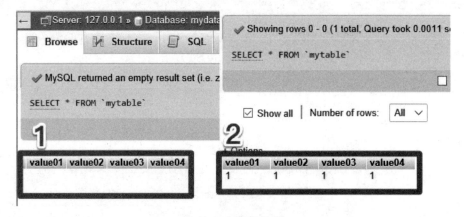

图 11-20　运行结果

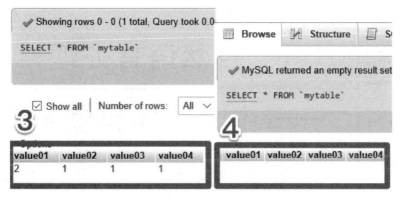

图　11-20（续）

教学视频

## 第 12 章

自然语言处理

——中文简体和繁体转换

最近的 Amazon Each 和 iOS Siri 非常热门,很多人也开始研究其背后的技术——语义分析(Semantic Analysis)。本节将探讨和实践通过 Python 相关的函数库来完成语种转换。

在语义分析和文字处理方面,在研究内容意思之前,需要有以下功能。

- 分词:把一句话,依照动词、名词等区分出来。
- 中文的处理:当前研究大多都是以英文为主,而本章会用中文为研究对象。
- 语义:就是一句话的重点是什么。
- 自定词汇:因为语言、文字真的太多,如何自定和处理你所关心的重点字汇。

在中文简体和繁体的处理方面,Python 有一个第三方的程序函数库 OpenCC,处理简体字的效果非常好,本节就介绍中文简体和繁体的互换函数库 OpenCC。

在 Python 官网上找到 OpenCC,如图 12-1 所示。

```
# pip install opencc - python - reimplemented
```

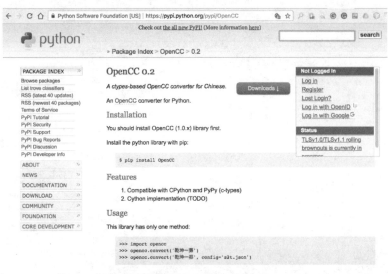

图 12-1 在 Python 官网上下载 OpenCC

OpenCC 是非常好用的函数库,其中还包含各个参数 openCC. set_conversion,可以在不同的情境下使用转换。

【**实例 88**】 01-openCC. py

```
1.  from opencc import OpenCC                          # 导入 OpenCC 函数库
2.  text1 = "我去过清华大学和交通大学,打印机、光盘、内存。"
3.  text2 = "我去過清華大學和交通大學,印表機、光碟、記憶體。"
4.
5.  openCC = OpenCC('s2t')                             # 引导 OpenCC 并设置为简转繁
6.  line = openCC.convert(text1)                       # 转换
7.  print("       " + text1)
8.  print("s2t   :" + line)
9.  line = openCC.set_conversion('s2twp')              # 设置为简体转繁体
10. line = openCC.convert(text1)                       # 转换
11. print("s2twp:" + line)
12.
13. line = openCC.set_conversion('t2s')                # 设置为繁体转简体
14. line = openCC.convert(text2) )                     # 转换
15. print("       " + text2)
16. print("t2s   :" + line)
17. line = openCC.set_conversion('tw2sp')              # 设置为繁体转简体
18. line = openCC.convert(text2)                       # 转换
19. print("tw2sp:" + line)
```

运行结果如图 12-2 所示。

```
        我去过清华大学和交通大学,打印机、光盘、内存。
s2t   :我去過清華大學和交通大學,打印機、光盤、內存。
s2twp:我去過清華大學和交通大學,印表機、光碟、記憶體。
        我去過清華大學和交通大學,印表機、光碟、記憶體。
t2s   :我去过清华大学和交通大学,印表机、光碟、记忆体。
tw2sp:我去过清华大学和交通大学,打印机、光盘、内存。
```

图 12-2　运行结果

教学视频

12.1　中文分词断词工具

在中文分词的处理方面,Python 有几个第三方的程序 pymmseg、smallseg 和 jieba,本节将介绍的是 jieba,如图 12-3 所示。它是一个 Python 的中文分词工具,同时也是开源的,使用非常方便,直接用 pip 装载即可,可以用在统计字数和文章内容的获取,功能相当厉害,官方网站为 https://github.com/fxsjy/jieba。

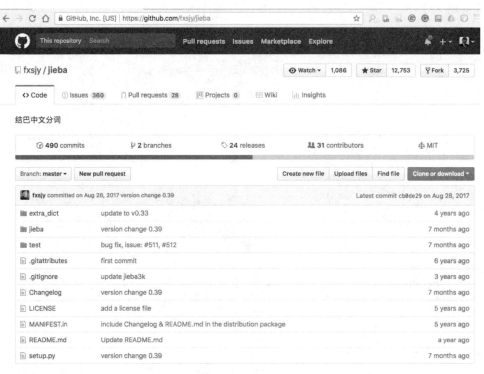

图 12-3　jieba 结巴中文分词官方网站

当前版本针对简体中文,APCLab 针对繁体字部分,这个繁体的版本可以在 https://github.com/APCLab/jieba-tw 取得。

如果要处理简体版的内容,请通过以下指令装载第三方函数库 jieba:

```
# pip install jieba
```

如果要处理繁体的内容,代码如下:

```
# pip install https://github.com/APCLab/jieba-tw/archive/master.zip
```

通过以下的样例测试和使用 jieba 函数库,其中使用到 jieba.cut(test2,HMM=True) 的分词功能,而 jieba 中文分词所使用的算法是通过 Trie Tree(又称前缀树或字典树)结构去创建句子,根据文字所有可能成词的情况,通过动态规划(dynamic programming)算法找出最大概率的路径,这个路径就是基于词频的最大断词结果。对于字典词库中不存在的词,则使用 HMM(Hidden Markov Model,隐马尔可夫模型)及 Viterbi 算法来辨识出来。

【实例89】 02-jieba-cut.py

```
1.  import jieba
2.  text1 = "我去过清华大学和交通大学。"
3.  test2 = "小明来到了航研大厦"
4.
5.  seg_list = jieba.cut(text1, cut_all = True, HMM = False)    # 关闭HMM列出所有可能
6.  print("Full Mode: " + "/ ".join(seg_list))                 # 输出分词
7.  # Full Mode: 我/ 去/ 过/ 清华/ 华大/ 大学/ 和/ 交通/ 交通大/ 大学/ /
8.  seg_list = jieba.cut(text1, cut_all = False, HMM = True)    # 系统内定
9.  #   Default Mode: 我/ 去过/ 清华/ 大学/ 和/ 交通/ 大学/ 。
10. print("Default Mode: " + "/ ".join(seg_list))              # 输出分词
11. print(", ".join(jieba.cut(test2, HMM = True)))             # 开HMM 小明,来到,了,航研,大厦
12. print(", ".join(jieba.cut(test2, HMM = False)))            # 关HMM 小明,来到,了,航,研,大厦
13. print(", ".join(jieba.cut(test2)))                         # 开HMM 小明,来到,了,航研,大厦
14. print(", ".join(jieba.cut_for_search(test2) ))             # 通过网络数据分词
```

运行结果：

```
Full Mode: 我/ 去/ 过/ 清华/ 华大/ 大学/ 和/ 交通/ 交通大/ 大学/ /
Default Mode: 我/ 去过/ 清华/ 大学/ 和/ 交通/ 大学/ 。
小明,来到,了,航研,大厦
小明,来到,了,航,研,大厦
小明,来到,了,航研,大厦
小明,来到,了,航研,大厦
```

在本程序中,通过几种模式来处理分词的功能。

- Full Mode(全模式)：试图将句子最精确地切开,适合文本分析,输出的是所有可能的分词组合,比如清华大学,会被分成：清华、清华大学、华大、大学。
- Default Mode(精确模型)：把句子中所有可以成词的词语都扫描出来,速度非常快,但是不能解决歧义,比如清华大学,只会输出清华大学。
- jieba.cut_for_search(搜索引擎模式)：在精确模式的基础上,对长词再次切分,提高召回率,适合用于搜索引擎分词。

教学视频

补充说明：

如果要处理英文的分词,可以参考Python的另外一个函数库nltk,它是一个Python工具包,用来处理和自然语言处理相关的东内容,包括分词(tokenize)、词性标注(POS)、文本

分类等现成的工具,是一个 Python 工具包。如果想要研究 NLP(Natural Language Processing,自然语言处理),它会是一个很适合且样例很多的函数库。

12.2 分析文件的文字

jieba 也提供分析文件读入和分词的功能,其相干函数如下所述。

1. 自定分词 jieba. load_userdict

在很多情况下,开发者会发现有些分词的结果不符合自己的预期,比如:

> 柯博文老师是硅谷创业者,也是人工智能方面的讲师。

通过 jieba.cut(text) 切割后,输出为:

> 柯/博文/老师/是/硅谷/创业者/也/是/人工智能/方面/的/讲师

你会发现"柯博文"被切割为两部分文字"柯"和"博文",而开发者通过

```
jieba.load_userdict("userdict.txt")
```

就能自定义自己想要的分词。

样例文件为 userdict.txt,如下:

> 柯博文 2 n

这样再次通过 jieba.cut(text) 切割后,输出为:

> 柯博文/老师/是/硅谷/创业者/也/是/人工智能/方面/的/讲师

看起来就正确多了。

2. 取得词性 jieba. posseg. cut

每个字都有自己的词性,如"柯博文"是 n 名词,"是"是 v 动词,可以通过以下的函数作分词和读取词性。

```
jieba.posseg.cut(text)
```

输出为:

柯博文, n	老师, n.	是, v.	硅谷, n.	创业者, n.	也, d.
是, v.	人工智能, l.	方面, n.	的, uj.	讲师, n	

表 12-1 为常见的词性。

表 12-1 常见的词性

词 性	描 述	词 性	描 述	词 性	描 述
a	形容词	j	简称略语	p	介词
ad	副词	k	后接成分	q	量词
ag	形容词性语素	l	习用语	r	代词
b	区别词	m	数词	rg	代词语素
c	连词	mg	数语素	s	处所词
df	副词	mq	数词	t	时间词
dg	副语素	n	名词	u	助词
e	叹词	ng	名语素	v	动词
eng	外语	nr	人名	vn	名动词
f	方位词	ns	地名	w	标点符号
g	语素	nt	机构团体	x	非语素字符号
h	前接成分	nz	其他专名	y	语气词
i	成语	o	拟声词	z	状态词

3. 使用 TF-IDF 算法的关键词计算 jieba. analyse. extract_tags

做分词主要目的就是在一段或一篇的文章中通过 TF-IDF 找到最重要的话,而在 jieba 中可以通过以下函数达到此功能。

```
jieba.analyse.extract_tags(content, topK = 20, withWeight = True, allowPOS = ())
```

参数如下:
- content:待处理的文字。
- topK:返回关键词的数量,重要性权重 TF-IDF 从高到低排序,如 topK=20,就是回传 20 个最重要的分词。
- withWeight:设置为 True 或 False,即是否返回每个关键词的权重 TF-IDF。
- allowPOS:词性过滤,为空表示不过滤。词性,如同 jieba. posseg. cut 所输出的内容,即 n 是名词、v 是动词。

使用方法如下:

```
1.  keywords = jieba.analyse.extract_tags(content, topK = 20, withWeight = True, allowPOS = ())
2.  for item in keywords:          # 访问捕获结果
3.       print(" %s = %f " % (item[0].encode('utf_8'), item[1]))
```

输出为:

```
柯博文 = 1.707824  人工智能 = 1.707824  硅谷 = 1.391685  创业者 = 1.304285  讲
师 = 1.233998  老师 = 0.910489  方面 = 0.609016
```

4. 什么是关键词的权重

关键词的权重(TF-IDF)也就是这个关键词在这篇文章中所出现的比重。有很多不同的数学公式可以用来计算 TF-IDF,最常见的算法如下:

$$TF\text{-}IDF = tf \times IDF$$

举个实际例子来说明。

- TF-IDF,关键词的权重。
- Tf,词频,是一个词语出现的次数除以该文件的总词语数。举例来说,一个文件的总词语数是 100 个,而词语"香蕉"出现了 3 次,那么香蕉一词在该文件中的词频就是 3/100＝0.03。
- IDF(Inverse Document Frequency,文件频率),即以文档数量除以出现香蕉一词的文件数。所以,如果香蕉一词在 1000 个文档文件出现过,而全部的文件总数是 10 000 000 个,其逆向文件频率就是 lg(10 000 000/1000)＝4。最后 TF-IDF 的值为 0.03×4＝0.12。

5. 使用 TextRank 算法的关键词计算 jieba. analyse. textrank

除了使用 TF-IDF 之外,jieba 还提供另外一个算法 TextRank 来取得最重要的文字。使用样例如下:

```
jieba.analyse.textrank(sentence, topK = 20, withWeight = False, allowPOS = ('ns', 'n', 'vn', 'v'))
```

通过以下的实际实例,来做综合示范。

【实例 90】

test. txt

```
柯博文老师是硅谷创业者,也是人工智能方面的讲师。
```

03-jieba-userdict-loadfile. py

```python
1.  import sys
2.  from os import path
3.  import jieba
4.  import jieba.analyse
5.  d = path.dirname(__file__)                              # 取得现在的路径
6.  text = open(path.join(d, 'test.txt'),'r',encoding = 'utf - 8').read()   # 读文本
7.  text = text.replace(" ", "")                            # 去除不要的文字
8.  text = text.replace("「", "")
9.  text = text.replace("」", "")
10. text = text.replace(",", "")                            # 去除不要的文字
11. text = text.replace("。", "")
```

```
12.  print('/'.join(jieba.cut(text)))                              # 开 HMM 做分词动作
13.  print("1 ==================== ")                              # 样例 1 使用自定字典
14.  jieba.load_userdict(path.join(d, 'userdict.txt'))  # 加上使用自己制定的字典
15.  print('/'.join(jieba.cut(text)))                              # 开 HMM 做分词动作
16.  print("2 ==================== ")                              # 样例 2 取得词性
17.  words = jieba.posseg.cut(text)                                # 取得词性
18.  for word, flag in words:
19.      print('%s, %s' % (word, flag))    # 显示切割的文字和文字动词名词
20.  print("3 ==================== ")                              # 样例 3 取得关键字
21.  if (sys.version_info > (3, 0)):
22.      content = text
23.  else:
24.      content = text.decode('utf_8')                            # 使 UTF - 8 编码
25.  keywords = jieba.analyse.extract_tags(content, topK = 20, withWeight = True, allowPOS = ())
26.  for item in keywords:                                         # 取得关键字
27.      if (sys.version_info > (3, 0)):
28.          print(" %s =   %f " %  (item[0], item[1]))  # 分别为关键词和相应的权重
29.      else:
30.          print(" %s =   %f " % (item[0].encode('utf_8'), item[1]))    # 关键词和权重
31.  print("4 ==================== ")                              # 样例 4 取得关键字
32.  keywords = jieba.analyse.textrank(content, topK = 20, withWeight = True, allowPOS = ('ns',
     'n', 'vn', 'v'))                                    # 仅捕获地名、名词、动名词、动词
33.  # 访问捕获结果
34.  for item in keywords:
35.      if (sys.version_info > (3, 0)):
36.          print(" %s =   %f " %  (item[0], item[1]))  # 分别为关键词和相应的权重
37.      else:
38.          print(" %s =   %f " % (item[0].encode('utf_8'), item[1]))    # 关键词和权重
```

运行结果如下：

```
柯/博文/老师/是/硅谷/创业者/也/是/人工智能/方面/的/讲师
1 ====================
Prefix dict has been built succesfully.
柯博文/老师/是/硅谷/创业者/也/是/人工智能/方面/的/讲师
2 ====================
柯博文, n
老师, n
是, v
硅谷, n
创业者, n
也, d
是, v
人工智能, l
方面, n
```

```
的, uj
讲师, n
3 ====================
柯博文  =   1.707824
人工智能  =   1.707824
硅谷  =   1.391685
创业者  =   1.304285
讲师  =   1.233998
老师  =   0.910489
方面  =   0.609016
4 ====================
创业者  =   1.000000
老师  =   0.729586
硅谷  =   0.727276
柯博文  =   0.724773
方面  =   0.633373
讲师  =   0.360663
```

教学视频

12.3   自定分词

在 12.2 节中曾介绍自定分词 jieba.load_userdict，在 jieba 之中，还有另一个类似的函数 jieba.suggest_freq。

```
jieba.suggest_freq(('文字'), True)
```

通过以下的实例来观察如何使用该函数。

【实例 91】   04-jieba-suggest_freq

```
1.  from os import path
2.  import jieba
3.  import jieba.analyse
4.  d = path.dirname(__file__)
5.  text = """柯博文老师是硅谷创业者,也是人工智能方面的讲师。"""
6.  text = text.replace(",", "")
```

```
7.  print('/'.join(jieba.cut(text)))
8.  #柯/博文/老师/是/硅谷/创业者/也/是/人工智能/方面/的/讲师/。
9.  jieba.suggest_freq('柯博文', True)                  # 设置 '柯博文' 分词
10. print('/'.join(jieba.cut(text)))
11. #柯博文/老师/是/硅谷/创业者/也/是/人工智能/方面/的/讲师/。
```

运行结果:

柯/博文/老师/是/硅谷/创业者/也/是/人工智能/方面/的/讲师/。
柯博文/老师/是/硅谷/创业者/也/是/人工智能/方面/的/讲师/。

教学视频

12.4　取出断词位置

获取断词在文章中的位置,可以使用以下 jieba 的函数库:

```
jieba.tokenize(文字)
```

在回传的数据中就能取出断词位置。

【实例 92】　05-jieba-analyse.py

```
1.  import sys
2.  from os import path
3.  import jieba
4.  import jieba.analyse
5.  d = path.dirname(__file__)                          # 取得现在的路径
6.  text = """柯博文老师是硅谷创业者,也是人工智能方面的讲师。"""
7.  jieba.load_userdict(path.join(d, 'userdict.txt'))   # 加上使用自己制定的字典
8.  print('default' + '-' * 40)                         # 样例 1 tokenize 取得断词位置
9.  result = jieba.tokenize(content)                    # 取得断词位置
10. for tk in result:
11.     print("word %s\t\t start: %d \t\t end:%d" % (tk[0],tk[1],tk[2]))   # 显示位置
12. print('tokenize search' + '-' * 40)                 # 样例 2 取得断词位置和通过网络查找
13. result = jieba.tokenize(content, mode = 'search')   # 取得网络查询断词位置
14. for tk in result:
15.     print("word %s\t\t start: %d \t\t end:%d" % (tk[0],tk[1],tk[2]))   # 显示位置
```

运行结果：

```
default ----------------------------------------
word 柯博文        start: 0        end:3
word 老师          start: 3        end:5
word 是            start: 5        end:6
word 硅谷          start: 6        end:8
word 创业者        start: 8        end:11
…省略
tokenize search---------------------------------
word 博文          start: 1        end:3
word 柯博文        start: 0        end:3
word 老师          start: 3        end:5
word 是            start: 5        end:6
…省略
```

> **注意**　由于篇幅的关系，这里只给出了部分数据，其他省略部分还请自行运行程序获取(见配套资料)。

教学视频

12.5　移除用词和自定比重分数

1. 移除用词

在很多情况下开发者会发现，有一些文章内的英文字符、标点符号分词的结果不符合自己的预期，会出现一些不想要的分词，此时就能通过以下的函数自己设定用词，并且删除。

例如：

```
jieba.analyse.set_stop_words("stop_words.txt")
```

stop_words.txt

```
老师
方面
```

```
是
也
是
的
，
。
```

该实例就能够把原来的语句：

```
柯博文,老师,人工智能,硅谷,创业者,讲师,方面
```

输出为：

```
柯博文,人工智能,硅谷,创业者,讲师
```

2. 自定比重分数

因为 jieba 对每一个字会给出 IDF 分数比重，但是在很多时候，会希望把文章中特别的关键字突显出来（或者降低），可以设定 IDF 分数高一些（或低一些），就能将想要的字突显出来（或者降低）。

例如：

```
jieba.analyse.set_idf_path("idf.txt")                    # 读入 IDF 关键字比重分数
```

样例文件：idf.txt。

```
柯博文 5
创业者 4
讲师 4
```

IDF 分数降低的原因是：一般 jieba 的 IDF 分数都位于 9～12，而使用自定的 IDF 分数位于 2～5，就能够突出想要的关键字。

【实例 93】　06-jieba-stopwords

```
1.  import sys
2.  from os import path
3.  import jieba
4.  import jieba.analyse
5.  d = path.dirname(__file__)                           # 取得现在的路径
6.  text = """柯博文老师是硅谷创业者,也是人工智能方面的讲师。"""
    jieba.load_userdict(path.join(d, 'userdict.txt'))     # 加上使用自己制定的字典
```

```
7.    if (sys.version_info > (3, 0)):
8.         content = text
9.    else:
10.        content = text.decode('utf_8')
11.   print(",".join(jieba.analyse.extract_tags(text, topK = 10)))    # 取得关键字
12.   jieba.analyse.set_stop_words("stop_words.txt")                   # 删除用词
13.   print(",".join(jieba.analyse.extract_tags(text, topK = 10)))    # 取得关键字
14.
15.
16.   print('default idf' + ' - ' * 40)                               # 样例,取得关键字
17.   keywords = jieba.analyse.extract_tags(text, topK = 10, withWeight = True, allowPOS = ())
# topK = TF/IDF
18.   print(" topK = TF/IDF , TF = % d" % len(keywords))
19.   for item in keywords:
20.       if (sys.version_info > (3, 0)):
21.           print(" % s =   % f "  %  (item[0], item[1]))    # 关键词和相应的权重
22.       else:
23.           print(" % s =   % f " % (item[0].encode('utf_8'), item[1]))  # 关键词和权重
24.
25.   print('set_idf_path' + ' - ' * 40)                               # 样例,自定 IDF 关键字
26.   jieba.analyse.set_idf_path("idf.txt")                            # 设置 IDF 关键字比重分数
27.   keywords = jieba.analyse.extract_tags(text, topK = 10, withWeight = True, allowPOS = ())
28.   for item in keywords:
29.       if (sys.version_info > (3, 0)):
30.           print("  % s    TF = % f , IDF = % f  topK = % f" % (item[0], item[1],
31.                 len(keywords) * item[1], item[1] * len(keywords) * item[1]))
32.                                                     # 分别为关键词和相应的权重
33.       else:
34.           print(" % s   TF = % f , IDF = % f  topK = % f" % (item[0].encode('utf_8'),
      item[1],len(keywords) * item[1], item[1] * len(keywords) * item[1]))
35.                                                     # 关键词和权重
```

运行结果：

```
柯博文,老师,人工智能,硅谷,创业者,讲师,方面
柯博文,人工智能,硅谷,创业者,讲师
default idf-----------------------------------------
topK = TF/IDF , TF = 5
柯博文 =   2.390954
人工智能 =   2.390954
硅谷 =   1.948359
创业者 =   1.825999
讲师 =   1.727597
set_idf_path-----------------------------------------
  柯博文   TF = 1.000000 , IDF = 5.000000  topK = 5.000000
  硅谷   TF = 0.800000 , IDF = 4.000000  topK = 3.200000
```

```
创业者    TF = 0.800000 , IDF = 4.000000   topK = 3.200000
人工智能    TF = 0.800000 , IDF = 4.000000   topK = 3.200000
讲师    TF = 0.800000 , IDF = 4.000000   topK = 3.200000
```

请注意 topK＝TF-IDF 的算法，这样才会知道 jieba 怎样计算和取得关键字。

教学视频

12.6　排列出最常出现的分词

很多时候因为统计的需要，需计算出一篇文章所出现的每一个分词的次数和数量，虽然在本章中针对关键字已经介绍过类似功能的 TF-IDF（关键词的权重）和 TextRank，但是还缺少了次数的统计。所以，下面将通过 Dictionarie 的方法，将每一个分词当成 key，并将出现次数当成 value 且做累加的计算，最后通过 sorted(dic, key＝dic. get, reverse＝True) 进行排列。

【实例94】　07-jieba-sort.py

```
1.   import sys
2.   from os import path
3.   import jieba
4.   import jieba.analyse
5.   d = path.dirname(__file__)                        # 取得现在的路径
6.   if (sys.version_info > (3, 0)):
7.       text = open(path.join(d, 'test.txt'),'r',encoding = 'utf - 8').read()    # 开启文档
8.   else:
9.       text = open(path.join(d, 'test.txt'),'r').read()    # 开启文档
10.  text = text.replace('\n', '')                     # 去除不要的文字
11.  jieba.analyse.set_stop_words("stop_words.txt")    # 设置不要的文字
12.  print('/'.join(jieba.cut(text)))                  # 输出分词
13.  print(" ==================== ")
14.  jieba.load_userdict(path.join(d, 'userdict.txt')) # 使用制定的字典
15.  for ele in jieba.cut(text):                       # 处理每一个分词
16.      if ele not in dic:                            # 如果字典没这个字
17.          dic[ele] = 1                              # 记录为 1
18.      else:
19.          dic[ele] = dic[ele] + 1                   # 累加 1
20.
21.  for w in sorted(dic, key = dic.get, reverse = True):  # 由大到小排列
22.      print("%s  %i" % (w, dic[w]))                 # 输出文字和出现次数
```

运行结果：

```
是　2
柯博文　1
老师　1
硅谷　1
创业者　1
，　1
也　1
人工智能　1
方面　1
的　1
讲师　1
。　1
```

教学视频

12.7　网络文章的重点

在学习分词后,是否想要通过 jieba 来分析和计算某网站的文章所探讨的主要内容,并且做出关键字分析? 所以,在本节将通过 HTTP GET 和 jieba 来获取网页内容,访问柯博文老师的网站 http://www.powenko.com/wordpress/,如图 12-4 所示,一起来探讨和分析该网站的内容。

【**实例 95**】　08-jieba-http

```
1.    import sys
2.    import jieba
3.    import jieba.analyse
4.    try:
5.        import urllib2 as httplib                    # Python 2 版本,导入函数库
6.    except Exception:
7.        import urllib.request as httplib             # Python 3 版本,导入函数库
8.    try:                                             # 处理网络连接正常
9.        url = "http://www.powenko.com/wordpress/"    # 网络文章的网址
10.       req = httplib.Request(url)                   # 送出连接的需求
11.       reponse = httplib.urlopen(req)               # 打开网页
12.       if reponse.code == 200:                      # 连接网页正常(200)
```

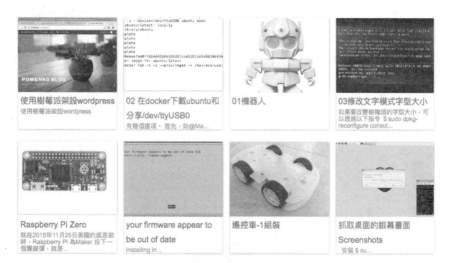

图 12-4　本实例要分析的网站

```
13.        if (sys.version_info > (3, 0)):          # 如果是 Python 3.0 以上
14.            contents = reponse.read().decode(reponse.headers.get_content_charset())
15.        else:                                    # 如果是 Python 2
16.            contents = reponse.read()            # 取得网页的数据
17.        jieba.analyse.set_stop_words("stop_words.txt")   # 去除不要的文字
18.        keywords = jieba.analyse.extract_tags(contents, topK = 200, withWeight = True,
allowPOS = ('ns', 'n', 'vn', 'v'))                 # 仅捕获地名、名词、动名词、动词
19.        for item in keywords:                    # 访问捕获结果
20.            if (sys.version_info > (3, 0)):      # 如果是 Python 3.0 以上
21.                print(" %s =   %f   "  %  (item[0], item[1]))
22.                                                 # 输出关键词和相应的权重
23.            else:
24.                print(" %s =   %f  " % (item[0].encode('utf_8'), item[1] ))
25.                                                 # 输出关键词和权重
26.        print(" = " * 40)                        # 输出 =================
27.        dic = {}                                 # 数据结构字典 key:value
28.        words = jieba.posseg.cut(contents)       # 做分词动作
29.        for word, flag in words:
30.            if flag == "ns" or flag == "n" or flag == 'vn' or flag == 'n':
31.                                                 # 仅处理名词、动名词…
32.                if word not in dic:              # 如果字典没这个字
```

```
33.                    dic[word] = 1                        # 记录为 1
34.                else:
35.                    dic[word] = dic[word] + 1             # 累加 1
36.        for w in sorted(dic, key = dic.get, reverse = True):   # 由大到小排列
37.            if  dic[w] > 1:                              # 如果出现次数大于 1
38.                print("%s   %i" % (w, dic[w]))           # 输出文字和出现次数
39. except:                                                 # 例外处理
40.    print("error")
```

运行结果(省略得分较低内容):

```
显示 = 0.526384    甜心 = 0.336746    文章 = 0.330523    老师 = 0.327528    烘焙 =    0.317756
开发 = 0.315830    课程 = 0.245646    技术 = 0.198856    工业 = 0.187159    实作 =    0.152067
蛋糕 = 0.136499    学习 = 0.116974    缩图 = 0.116974    新竹 =    0.116823
=======================================
文章  51   老师  28   甜心  28   课程  21   技术  17   工业  16   蛋糕  16   研究院   14
实作  13   新竹  12   调整  10   课  10   程序  9 树莓  9   数据  9 锦祥  8   线
```

教学视频

通过这个实例,可以计算该网页出现的每一个词汇和每一个词汇的次数,读者可以把网址修改成其他网站,就能精准计算出每个人的兴趣、获取现在新闻的重点是什么等。

## 第 13 章

人工智能标记语言 AIML

13.1 人工智能标记语言 AIML 介绍

AIML 由 Alicebot 开放原始程序团队和 Richard S. Wallace 博士于 1995—2000 年开发，主要用于创建 Alicebot 机器人，是一个基于 A. L. I. C. E(人工语言互联网计算机实体)聊天框应用程序的免费软件。

Python 使用 AIML 需要第三方的函数库，但是因为 Python 版本的关系，请安装 AIML 0.9.1 版，其他版本里中文字体会有问题，而版本 0.9.2 确定不能运行中文对话框。请通过以下方法安装：

```
pip install aiml == 0.9.1
```

接下来创建你的第一个人工智能交谈机器人，使用以下程序导入 AIML 文档并且使用。

【实例 96】 01-AIML-hello. py

```
1.   import aiml                                    # 导入 AIML 函数库
2.   kernel = aiml.Kernel()
3.   kernel.learn("01 - AIML - hello.xml")          # 导入 AIML 的 XML 文档
4.   while True:                                     # 通过 Ctrl + C 快捷键离开循环
5.       print kernel.respond(raw_input("Enter your message >> "))
```

运行结果：

```
Loading 01 - AIML - hello.xml...done (0.04 seconds)
Enter your message >> hello
Well, hello!
Enter your message >> WHAT ARE YOU?
I'm a bot, silly!
Enter your message >> what is your name?
```

```
My name is PowenKo.
Enter your message >>
```

运行后,输入 HELLO、WHAT ARE YOU 和 WHAT IS YOUR NAME,结果竟会有不同的答案,很有趣吧! 因为程序是通过无限循环来处理的,如果要离开程序,可以通过 Ctrl+C 快捷键离开循环。

这里机器人会依照我们设计的简单的 AIML 文档 01-AIML-hello.xml 来处理问答,分别是:

(1) 问"HELLO",回答"Well, hello!"。

(2) 问"WHAT ARE YOU",回答"I'm a bot!"。

(3) 问"WHAT IS YOUR NAME",回答"My name is Powen Ko."。

而该 AIML 其实就是 XML 格式,设计的方法如下。

【**实例 97**】 01-AIML-hello.xml

```
1.   < aiml version = "1.0.1" encoding = "UTF-8">        <!-- 开始 -->
2.      < category >                                       <!-- 状态 1 -->
3.         < pattern > HELLO </pattern >                   <!-- 判断关键字 -->
4.         < template >
5.             Well, hello!
6.         </template >                                    <!-- 响应的答案 -->
7.      </category >
8.      < category >                                       <!-- 状态 1 -->
9.         < pattern > WHAT ARE YOU </pattern >            <!-- 判断关键字 -->
10.        < template >
11.            I'm a bot!
12.        </template >                                    <!-- 响应的答案 -->
13.     </category >
14.     < category >                                       <!-- 状态 3 -->
15.        < pattern > WHAT IS YOUR NAME </pattern >       <!-- 判断关键字 -->
16.        < template >
17.            My name is Powen Ko.
18.        </template >                                    <!-- 响应的答案 -->
19.     </category >
20. </aiml >                                               <!-- 退出 -->
```

在这个 AIML 文档中提到的相关 tag 标签,功能如下所述。

(1) <aiml>,预定义开始与退出 AIML 文档。

(2) <category>,预定义一个知识点给 Alicebot 知识库。

(3) <pattern>,预定义一个 pattern 样板给用户输入 Alicebot。

(4) <template>,预定义 Alicebot 的回复,对应用户的输入。

在后面章节会详细介绍 AIML,网络上也有很多英文版的 AIML 文档,通过搜索引擎输入 aiml.xml 就会出现很多样例,如图 13-1 所示。

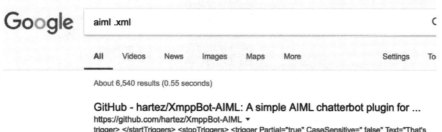

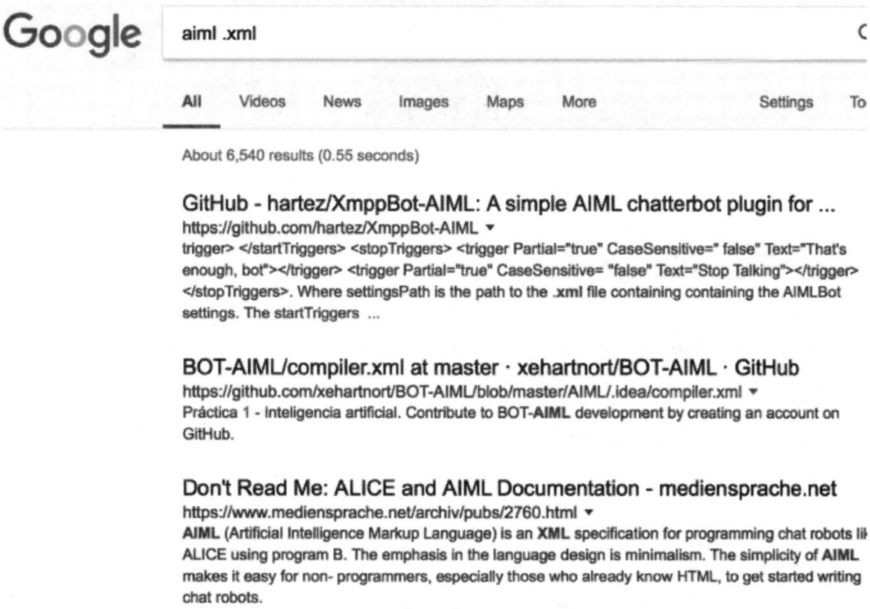

图 13-1 AIML 的 XML 文档数据众多

英文版的 AIML 中完成度最高的是 Alice 项目，可以尝试下载并添加该 . aiml（XML）文档，会有更多有趣的反应，相信你也可完成一个 Siri 机器人，如图 13-2 所示。

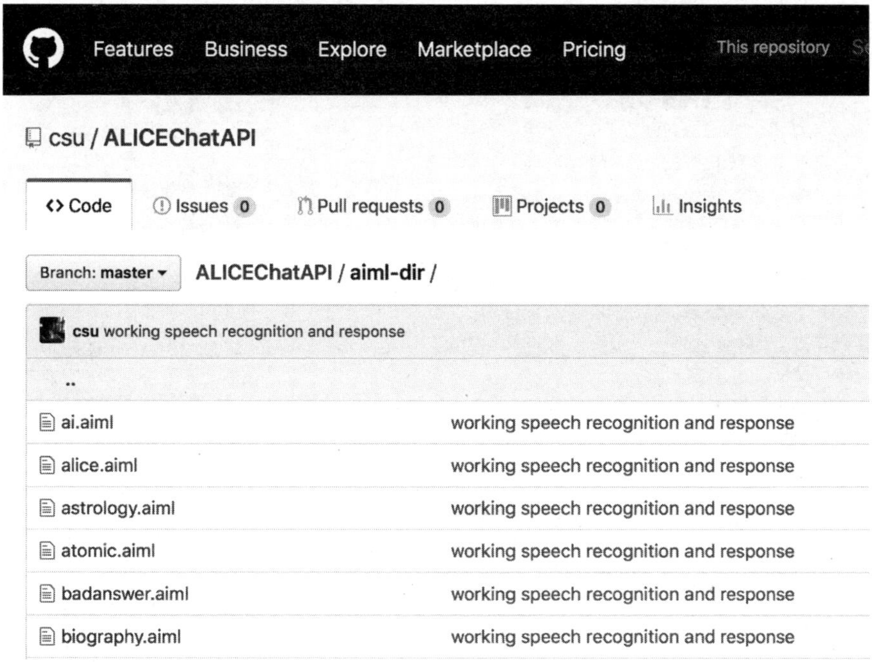

图 13-2 Alice 的人工智能对话文档

教学视频

13.2 中文机器人

中文的回答和应对也可以通过 AIML 的设置来完成,下面的 Python 程序将介绍如何处理中文的应答。

【实例 98】

02-AIML-helloChinese.py

```
1.  import aiml                                            ♯ 导入 AIML 函数库
2.  kernel = aiml.Kernel()
3.  kernel.learn("02 - AIML - helloChinese.xml")           ♯ 导入 AIML 的 XML 文档
4.  while True:                                            ♯ 通过 Ctrl + C 快捷键离开循环
5.      print kernel.respond(raw_input("Enter your message >> "))
```

02-AIML-helloChinese.xml

```
1.  < aiml version = "1.0.1" encoding = "UTF - 8">          <! -- 开始 -->
2.      < category >                                        <! -- 状态 1 -->
3.          < pattern >你好</pattern >                       <! -- 判断关键字 -->
4.          < template >
5.              我很好,你好!
6.          </template >                                    <! -- 响应的答案 -->
7.      </category >
8.
9.      < category >                                        <! -- 状态 2 -->
10.         < pattern >你是谁</pattern >                      <! -- 判断关键字 -->
11.         < template >
12.             我是机器人,先生!
13.         </template >                                    <! -- 响应的答案 -->
14.     </category >
15.
16.     < category >                                        <! -- 状态 3 -->
17.         < pattern >你的名字</pattern >                     <! -- 判断关键字 -->
18.         < template >
19.             我的名字是柯博文。
20.         </template >                                    <! -- 响应的答案 -->
21.     </category >
22. </aiml >                                                <! -- 退出 -->
```

运行结果：

```
Loading 02 - AIML - Chinesehello.xml...done (0.03 seconds)
Enter your message >>你好
我很好,你好!
Enter your message >>你的名字
我的名字是柯博文。
Enter your message >>你是谁
我是机器人,先生!
Enter your message >>
```

教学视频

13.3　AIML 语法教程——随机对话

本节将介绍几个 AIML 常用语的标签,让你的机器人可以更聪明。

(1)< random >,随机数,用来指定多个回答,并取出其中一个响应。

(2)< li >,用于表示多个响应。

【实例 99】

03-AIML-random. xml

```
1.    < aiml version = "1.0.1" encoding = "UTF - 8">
2.        < category >                                    <! -- 状态 1 -->
3.            < pattern > What do you want to eat?</pattern >    <! -- 判断关键字 -->
4.            < template >
5.                < random >                               <! --随机数回答 -->
6.                    < li > Pizza.</li >                   <! -- 响应的答案 1 -->
7.                    < li > Apple.</li >                   <! -- 响应的答案 2 -->
8.                    < li > Noodle.</li >                  <! -- 响应的答案 3 -->
9.                </random >
10.           </template >
11.       </category >
12.   </aiml >
```

03-AIML-random. py

```
1.    import aiml                                # 导入 AIML 函数库
2.    kernel = aiml.Kernel()
```

```
3.   kernel.learn("03 - AIML - random.xml")        # 导入 AIML 的 XML 文档
4.   while True:                                     # 通过 Ctrl + C 快捷键离开循环
5.   print kernel.respond(raw_input("Enter your message >> "))
```

运行结果：

```
Enter your message >> what do you want to eat?
Noodle.
Enter your message >> what do you want to eat?
Apple.
```

教学视频

13.4　AIML 语法教程——变量

在 AIML 常用语法中也能设置变量，让机器人也能有存储的功能。

(1) < star >，用来指定标签中的"＊"文字，也就是用户可以指定任何用字，并取出来使用。

(2) < set >，用于在 AIML 变量中设置值。

(3) < get >，用于获取存储在 AIML 变量中的值。

【实例 100】

04-AIML-all.xml

```
1.   < aiml version = "1.0.1" encoding = "UTF - 8">
2.      < category >                              <! -- 状态 star  1 -->
3.      < pattern > I LIKE * </pattern >          <! -- 判断关键字 -->
4.      < template >                              <! -- 响应的答案 -->
5.         I too like < star/>.                   <! -- 回答 + 星号 -->
6.      </template >
7.      </category >
8.      < category >                              <! -- 状态 star 2 -->
9.      < pattern >DO YOU LIKE  *  OR * </pattern >   <! -- 判断关键字 -->
10.     < template >                              <! -- 响应的答案 -->
11.        I like < star index =  "1"/> better than < star index  = "2"/>
12.                                               <! -- 回答 + 星号1+ 星号 2 -->
13.     </template >
14.     </category >
15.     < category >                              <! -- 状态 set get 1 -->
```

```
16.        < pattern > I AM * </pattern >                    <! -- 判断关键字 -->
17.        < template >                                       <! -- 响应的答案 -->
18.            Hello < set name = "username"> < star/>! </set > <! -- 回答 + 存储变量 -->
19.        </template >
20.     </category >
21.     < category >                                          <! -- 状态 set get 2 -->
22.        < pattern > GOOD NIGHT </pattern >                 <! -- 判断关键字 -->
23.        < template >
24.            Hi < get name = "username"/> !                 <! -- 回答 + 变量 username -->
25.        </template >
26.     </category >
27.
28.     < category >                                          <! -- 状态 yes no  1 -->
29.        < pattern > WHAT ABOUT MOVIES </pattern >          <! -- 判断关键字 -->
30.        < template > Do you like comedy movies </template >
31.     </category >
32.
33.  </aiml >
```

04-AIML-all.py

```python
1.   import aiml                                              # 导入 AIML 函数库
2.   kernel = aiml.Kernel()
3.   kernel.learn("04 - AIML - all.xml")                     # 导入 AIML 的 XML 文档
4.   while True:                                              # 通过 Ctrl + C 快捷键离开循环
5.       print kernel.respond(raw_input("Enter your message >> "))
```

运行结果：

```
Loading 04 - AIML - all.xml...done (0.04 seconds)
Enter your message >> I like apple
I too like apple.
Enter your message >> Do you like apple or banana
I like apple better than banana.
Enter your message >> I am Powen
Hello   Powen!
Enter your message >> Good night
Hi   Powen!   Thanks for the conversation!
Enter your message >> what about movies
Do you like comedy movies
```

教学视频

当完成 AIML 的文档时,可以通过 template 方法,把多个 AIML 文档合并在一起,统一使用。整合 AIML 实例如下。

【实例 101】

005-AIML-load. xml

```
1.   < aiml version = "1.0.1" encoding = "UTF - 8">
2.     < category >
3.       < pattern > LOAD AIML B </pattern >                  <! -- 模块名称    -->
4.       < template >
5.           < learn > 01 - AIML - hello. xml </learn >        <! -- AIML 文档 -->
6.           < learn > 02 - AIML - helloChinese. xml </learn > <! -- AIML 文档 -->
7.           < learn > 03 - AIML - random. xml </learn >       <! -- AIML 文档 -->
8.           < learn > 04 - AIML - all. xml </learn >          <! -- AIML 文档 -->
9.       </template >
10.     </category >
11.  </aiml >
```

05-AIML-load. py

```
1.   import aiml                                    # 导入 AIML 函数库
1.   kernel = aiml. Kernel()
2.   kernel. learn("05 - AIML - load. xml")          # 导入 AIML 的 XML 文档
3.   kernel. respond("loaded aiml b")
4.   while True:                                    # 通过 Ctrl + C 快捷键离开循环
5.   print kernel. respond(raw_input("Enter your message >> "))
```

运行结果:

```
Loading 05 - AIML - load. xml...done (0.03 seconds)
Loading 01 - AIML - hello. xml...done (0.00 seconds)
Loading 02 - AIML - helloChinese. xml...done (0.00 seconds)
Loading 03 - AIML - random. xml...done (0.00 seconds)
Loading 04 - AIML - all. xml...done (0.00 seconds)
Enter your message >> hello
Well, hello!
Enter your message >>你好
我很好,你好!
```

教学视频

## 第 14 章

网络服务器

14.1 Python 网页服务器

相信各位学习 Python 到现在,或多或少都有一些软件程序想要跟同事或同学分享,但是在运行程序的时候,需要安装完整的 Python 驱动程序和相关的函数库。有没有更简单的方法让朋友可以直接取得你所开发的 Python 程序? 有两个方法可以使用。第一个方法是使用安装程序,将完整的 Python 程序安装,这部分内容在第 18 章将会介绍。另外一个方法就是使用网页服务器的方式,在此将介绍和使用 Python 创建一个网页服务器,如此一来,用户就可以通过网页的方法来交换数据,也可以通过远程网络 IP 的方法,即时和你的程序之间做一个链接的交互。

如果是 Python 2 版本,使用 Python 的函数库 SimpleHTTPServer,可以在 DOS 窗口通过以下的方法测试。

```
$ python  - m SimpleHTTPServer 8888
```

如果是 Python 3 版本,使用 Python 的函数库 http. server,可以在 DOS 窗口通过以下的方法测试。

```
# python  - m http. server 8888
```

运行后,在网页浏览器输入 http://127.0.0.1:8888/,就可以看到硬盘文件路径显示在网页浏览器上面,如图 14-1 所示。

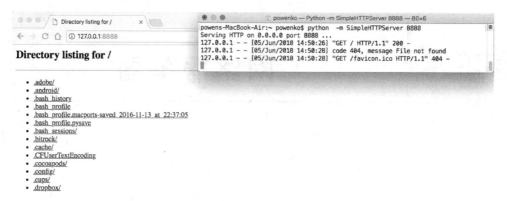

图 14-1　在 Python 2 版本使用 SimpleHTTPServer

14.2　开发自己的网页服务器

本节将介绍使用 socketserver 编写网页服务器序,因为 Python 版本的问题使用的库会有所不同,强制关闭请通过 Ctrl+C 快捷键,这样就会让程序顺利结束。另外常见的问题还有通信端口持续地被占用,这里通过调用 httpd.server_close()关闭网络和恢复端口。另外,socketserver.TCPServer.allow_reuse_address = True 也可以让这个问题有所改善。

【实例 102】　01-httpServer.py

```
1.    import sys
2.    if (sys.version_info > (3, 0)):              # 在 Python 3 上运行
3.        import socketserver as socketserver
4.        import http.server
5.        from http.server import SimpleHTTPRequestHandler as RequestHandler
6.    else:                                        # 在 Python 2 上运行
7.        import SocketServer as socketserver
8.        import BaseHTTPServer
9.        from SimpleHTTPServer import SimpleHTTPRequestHandler as RequestHandler
10.   if sys.argv[1:]:                             # 是否有参数
11.       port = int(sys.argv[1])
12.   else:
13.       port = 8888                              # 内定网络的端口 8888
14.   print('Server listening on port %s' % port). # 显示本程序的网络位置和端口
15.   socketserver.TCPServer.allow_reuse_address = True  # 处理网络端口被占据
16.   httpd = socketserver.TCPServer(('127.0.0.1', port), RequestHandler).  # 引导
17.   try:
18.       httpd.serve_forever()                    # 持续网络的动作
19.   except:
20.       print("Closing the server.")
```

```
21.        httpd.server_close()                              # 关闭网络
22.    raise
```

运行本程序之后,在相同的计算机上,通过网络浏览器输入 http://127.0.0.1:8888,就可以看到如图 14-2 所示内容,通过 Ctrl+C 快捷键关闭程序。

Directory listing for /

- 01-httpServer.py
- 02-httpServerHandler.py
- 03-httpServerHandlerGet copy.py
- 03-httpServerHandlerGet.py

图 14-2　运行结果

可以看到本程序相同路径的文件,显示在网页浏览器上面。如果在相同网域的其他计算机或者是平板电脑、手机,通过运行本程序的计算机网络位置 IP,也可以远程连接。

教学视频

14.3　显示 HTTP 内容

从 14.2 节的实例可以发现,显示在网页浏览器上的是相同路径的文档名称,那么如何来显示出想要的图文呢? 可以通过调整 HTTP 反应类 SimpleHTTPRequestHandler 并修改 class method 类方法,就可以取得特定的类函数方法 Method。本节将会修改 do_GET 函数方法(method)将特定的字符串显示在网页浏览器。

【实例 103】　02-httpServerHandler.py

```
1.    import sys
2.    import time
3.    if (sys.version_info > (3, 0)):                          # 如果在 Python 3 上运行
4.        import socketserver as socketserver
5.        import http.server
```

```
6.          from http.server import SimpleHTTPRequestHandler as RequestHandler
7.    else:                                                          # 如果在 Python 2 上运行
8.          import SocketServer as socketserver
9.          import BaseHTTPServer
10.         from SimpleHTTPServer import SimpleHTTPRequestHandler as RequestHandler
11.
12.   class MyHandler(RequestHandler):                                # 继承原本的 HTTP 反应的类
13.       def do_GET(self):                                          # 修改和覆盖原本 HTTP GET 方法
14.           self.send_response(200)                                # HTML 200 网络反应正确
15.           self.send_header("Content - type", "text/html")        # 返回字符串
16.           self.end_headers()                                     # HTML 表头处理完毕
17.           print(self.wfile)                                      # 回传给用户
18.           output = b""                                           # 网页内容
19.           output += b"< html >< body > Hello </body ></html >"
20.           self.wfile.write(output)                               # 返回字符串网页内容给用户
21.
22.   if sys.argv[1:]:                                               # 是否有参数
23.       port = int(sys.argv[1])
24.   else:
25.       port = 8888                                                # 内定网络的端口 8888
26.   print('Server listening on port % s' % port).                 # 显示本程序的网络位置和端口
27.   socketserver.TCPServer.allow_reuse_address = True             # 处理网络端口
28.   httpd = socketserver.TCPServer(('127.0.0.1', port), MyHandler)
29.                                                                  # 指定 IP、端口和反应类
30.   try:
31.       httpd.serve_forever()                                      # 持续网络的动作
32.   except:
33.       print("Closing the server.")
34.       httpd.server_close()                                       # 关闭网络
35.       raise
```

运行结果如图 14-3 所示。

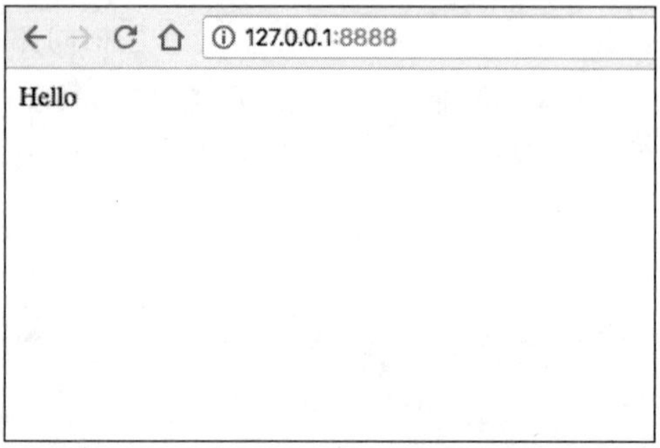

图 14-3   运行结果

运行本程序之后,在相同的计算机上,通过网络浏览器输入 http://127.0.0.1:8888,就可以看到数据。

> **注意**　回传的字符串请通过 b"" 的方法,将字符串转换成字节数组,可以通过 bytesArray＝bytes(str1, encoding ＝ "utf8") 达到相同的目的。

教学视频

14.4　取得 HTTP GET 所传递的数据

在用户通过计算机的浏览器观看网页的时候,会发现有很多网页的 URL,里面都已经包含了所有要传递给服务器的数据,比如本章样例: http://127.0.0.1:8888/?name＝powenko&password＝123。

在 Python 服务器中这样的应用技术在 self. path 的 Property 属性中,它可以取得网络完整的 URL,然后通过 Urlparse 类解析出通过 HTTP GET 传递过来的参数和数据,并且把它转换成 Dictionary 数据模式。

【实例 104】　03-httpServerHandlerGet. py

```
1.   import sys
2.   import time
3.   if (sys. version_info > (3, 0)):                          # 如果在 Python 3 上运行
4.       import socketserver as socketserver
5.       import http. server
6.       from http. server import SimpleHTTPRequestHandler as RequestHandler
7.       from urllib. parse import urlparse
8.   else:                                                     # 如果在 Python 2 上运行
9.       import SocketServer as socketserver
10.      import BaseHTTPServer
11.      from SimpleHTTPServer import SimpleHTTPRequestHandler as RequestHandler
12.      from urlparse import urlparse
13.
14.  class MyHandler(RequestHandler):                          # 继承原本的 HTTP 反应的类
15.      def do_HEAD(self):                                    # HTML 表头处理
16.          self.send_response(200)                           # HTML 200 网络反应正确
```

```
17.          self.send_header("Content - type", "text/html")        # 网络格式为字符串
18.          self.end_headers()                                       # HTML 表头处理完毕
19.     def do_GET(self):                                             # 修改覆盖原本 HTTP GET 方法
20.          query = urlparse(self.path).query                        # 取得和解析网络完整的 URL
21.          name = b" "
22.          password = b" "
23.          if query!= "":
24.              query_components = dict(qc.split(" = ") for qc in query.split("&"))   # 取得数据
25.              name = query_components["name"]                      # 取得 URL 中 name 的值
26.              password = query_components["password"]              # 取得 password 的值
27.          self.do_HEAD()                                           # 调用 HTML 表头处理
28.          print(self.wfile)                                        # 回传网页内容给用户
29.          output = b""                                             # 网页内容
30.          output += b"< html >< body > Hello name = "
31.          output += name.encode('utf - 8')
32.          output += b" password = "
33.          output += password.encode('utf - 8')
34.          output += b"</body ></html >"
35.          self.wfile.write(output)                                 # 回传网页内容给用户
36.
37. if sys.argv[1:]:                                                  # 是否有参数
38.      port = int(sys.argv[1])
39. else:
40.      port = 8888                                                  # 网络端口
41. print('Server listening on port % s' % port)                     # 网络位置和端口
42. socketserver. TCPServer. allow_reuse_address = True              # 处理端口被占据
43. httpd = socketserver. TCPServer(('127.0.0.1', port), MyHandler)  # 网络端口并指定反应类
44. try:
45.      httpd. serve_forever()                                       # 持续网络的动作
46. except:
47.      print("Closing the server.")
48.      httpd. server_close()                                        # 关闭网络
49.      raise
```

运行本程序之后,在相同的计算机上,通过网络浏览器输入 http://127.0.0.1:8888/? name=powenko&password=123,就可以看到数据,如图 14-4 所示。

图 14-4　运行结果

特别地,通过 name 和 password 这两个参数就可以将数据由网址 URL 传递到 Python 的程序中。

教学视频

14.5　取得 HTTP POST 所传递的数据

在网络上传递数据,比较安全的方法是通过 HTTP POST,会比 HTTP GET 让数据传递相对安全一些。关键的技术在 self. rfile. read(varLen) 的 Property 属性中,它可以取得 HTTP POST 的内容。但是该函数需要知道用户传递过来的数据长度,所以需要通过 varLen = int(self. headers['Content-Length']) 来达到这个目的。然后使用利用 Urlparse 类解析出通过用户 HTTP POST 传递过来的数据,并且把它转换成 Dictionary 数据模式。

但是为了测试 HTTP POST,需要另外一个 HTML,在里面使用 method="post" 把网页里面的内容通过 HTTP POST 放到"http://127.0.0.1:8888/" 这个 Python 网络程序的网址,这样才可以看得到效果。

这个程序的逻辑和刚刚的 HTTP GET 非常类似,不同的是需要专门处理 HTTP POST 的通信协议。

【实例 105】

04-httpServerHandlerPost. html

```
1.   <!DOCTYPE html>
2.   <html><body>
3.   __author__ = "Powen Ko, www.powenko.com"
4.   <form action = "http://127.0.0.1:8888/" method = "post">
5.       name: <input type = "text" name = "name"><br>
6.     password: <input type = "text" name = "password"><br>
7.     <input type = "submit" value = "Submit">
8.   </form>
9.   </body>  </html>
```

04-httpServerHandlerPost. py

```
1.   ...                                            # 函数库的导入相同,所以省略
2.   class MyHandler(RequestHandler):
3.       def do_HEAD(self):                         # HTML 表头处理
4.           self.send_response(200)                # HTML 200,网络反应正确
5.           self.send_header("Content - type", "text/html")  # 设置反应为字符串
```

```
6.          self.end_headers()                                    # HTML 表头处理完毕
7.
8.      def do_POST(self):                                        # 修改覆盖原本 HTTP POST 方法
9.          varLen = int(self.headers['Content-Length'])          # 取得传过来的数据长度
10.         name = b" "
11.         password = b" "
12.         if varLen > 0:                                        # 取得和解析网络完整的 URL
13.             query_components = parse_qs(self.rfile.read(varLen), keep_blank_values = 1)
14.             print(query_components)
15.             name = query_components[b"name"][0]               # 取得 name 的值
16.             password = query_components[b"password"][0]       # 取得 password 的值
17.         self.do_HEAD()                                        # 调用 HTML 表头处理
18.         print(self.wfile)                                     # 回传网页内容给用户
19.         output = b""                                          # 网页内容
20.         output += b"<html><body>Hello name = "
21.         output += name
22.         output += b" password = "
23.         output += password
24.         output += b"</body></html>"
25.         self.wfile.write(output)                              # 回传网页内容给用户
26.     ...                               # 运行的 socketserver.TCPServer. 部分相同，所以省略
```

这个实例运行的方式会比较特别。首先，将本节的 Python 程序运行后，再打开 04-httpServerHandlerPost.html，如此一来就能顺利地在计算机的浏览器中打开该 HTML。在网页上输入账号和密码后，单击 Submit 送出，如图 14-5 所示，这样该 HTML 就能通过 HTML POST 的方式调用该 Python 网页程序。

图 14-5　在浏览器中打开该 html

这个程序因为继承的关系，会收到 HTTP POST 的需求，将所传递过来的数据回传，并且显示在浏览器中，如图 14-6 所示。

Hello name=powenko password=123

图 14-6　通过浏览器显示结果

教学视频

第 15 章 网络爬虫与 BeautifulSoup4

CHAPTER 15

15.1 网络爬虫——取得网络文章内容

如果对获取网页上面的数据感兴趣，可以使用 Python 的 BeautifulSoup4 工具，只要是能在浏览器上看到的文字，几乎都可以通过 BeautifulSoup4 获得，并且应用在程序中。

Python 需要第三方的函数库 BeautifulSoup4，可通过以下的方法安装：

```
pip install requests
pip install BeautifulSoup4
```

接下来创建第一个爬虫的程序。使用以下的程序，下载柯博文老师的网站内容，获得网站内容的标题和链接并显示出来。

【实例 106】 01-BeautifulSoup-getTitle.py

```
1.   import requests                                              # 导入网络函数库
2.   from bs4 import BeautifulSoup                                 # 导入 BeautifulSoup 函数库
3.   req = requests.get('http://www.powenko.com/wordpress/')      # 取得网页数据
4.   soup = BeautifulSoup(req.text.encode('utf-8'), "html.parser")    # 转换 UTF-8
5.   print(soup.title)                                            # 取得网页标题
6.   print(soup.title.string)                                     # 取得网页标题内的文字
7.   print(soup.p)                                                # 取得第一个 HTML 中 p 的内容
8.   print(soup.a)                                                # 取得第一个 HTML 中 a 的内容
9.   print(soup.find_all('a'))                                    # 取得所有 HTML 的 a
```

运行局部结果：

```
b'<!doctype html>\r\n<!-- [if IE 7]> <html lang = "en-gb" class = "isie ie7 oldie no-js">
<![endif]-->\ r\n<!-- [if IE 8]>
<title>柯博文老师 - LoopTek.com 录克软件 CTO</title>
柯博文老师 - LoopTek.com 录克软体 CTO
<p>课程报名和相关资料请恰: </p>
```

```
< a href = "http://www.powenko.com/wordpress" title = "柯博文老师">
< img alt = "柯博文老师" class = "normal_logo"
src = "http://www.powenko.com/wordpress/wp - content/uploads/2018/03/logo.png" title = "柯博
文老师" />
< img alt = "柯博文老师" class = "retina_logo"
src = " http://www.powenko.com/wordpress/wp - content/uploads/2018/03/logo.png" style =
"width:98px; height:99px;" title = "柯博文老师"/>
</a >…
```

教学视频

15.2 BeautifulSoup 的函数和属性

在刚刚的程序中,是通过属性将网站的内容取得并加以分析,而以下就是
BeautifulSoup 常用的属性与函数。

1) title

取得网站的标题,包含 HTML 标签。使用样例:

```
soup.title
```

输出为:

```
<title>柯博文老师 - LoopTek.com 录克软件 </title>
```

2) name

取得 HTML 标签,输出为 u'title'。使用样例:

```
soup.title.name
```

输出为:

```
u'title'
```

3) string

取得的网站内容。使用样例:

```
soup.title.string
```

输出为：

```
u'柯博文老师 - LoopTek.com 录克软件'
```

4）parent

取得该节点 HTML 的父类。使用样例：

```
soup.title.parent.name
```

输出为：

```
u'head'
```

这里的 u 指的是 Unicode。

5）p

取得该网站的第一个 HTML 标签的 p。使用样例：

```
soup.p
```

输出为：

```
< p class = "title"><b>The test </b></p>
```

6）p['class']

取得该网站的第一个 HTML 标签的 p(跳行)之 class。使用样例：

```
soup.p['class']
```

如果第一个 p 的内容为< p class="title">The test </p>，则输出为[u'title']。

7）a

取得该网站的第一个 HTML 标签的 a(链接)。使用样例：

```
soup.a
```

输出为：

```
< a class = "redcolor" href = "http://powenko.com/1.html" id = "link1"> test1 </a>
```

8）find_all

取得该网站所有的 HTML 标签。要找所有 a(链接)的使用样例：

```
soup.find_all('a')
```

输出的 List 数组为：

```
[< a class = "redcolor" href = "http://powenko.com/1.html" id = "link1"> test1 </a>,
< a class = "bluecolor" href = "http://powenko.com/2.html" id = "link2"> test2 </a>,
< a class = "redcolor" id = "link3" href = "http://powenko.com/3.html" id = "link3"> test3 </a>]
```

9) get

取得该网站所有的 HTML 标签内的属性。要找所有 a（链接）的 URL 使用样例：

```
for link in soup.find_all('a'):
    print(link.get('href'))
```

输出的 List 数组的内容为：

```
http://powenko.com/1.html
http://powenko.com/2.html
http://powenko.com/3.html
```

10) select

取得该网站所有的 HTML 标签、class 和 id。

(1) 样例一：要找所有 a（链接）。

```
soup.select('a')
```

输出的 List 数组为：

```
[< a class = "redcolor" href = "http://powenko.com/1.html" id = "link1"> test1 </a>,
< a class = "bluecolor" href = "http://powenko.com/2.html" id = "link2"> test2 </a>,
< a class = "redcolor" id = "link3" href = "http://powenko.com/3.html" id = "link3"> test3 </a>]
```

(2) 样例二：要取得该网站所有 class＝"redcolor"。

```
soup.select('.redcolor')
```

输出的 List 数组为：

```
[< a class = "redcolor" href = "http://powenko.com/1.html" id = "link1"> test1 </a>,
< a class = "redcolor" id = "link3" href = "http://powenko.com/3.html" id = "link3"> test3 </a>]
```

(3) 样例三：要取得该网站所有 id＝"link3"。

```
soup.select('#link3')
```

输出的 List 数组为：

```
[< a class = "redcolor" id = "link3" href = "http://powenko.com/3.html" id = "link3"> test3 </a>]
```

（4）样例四：要找所有 a（链接）的文字。

```
for link in soup.select('a'):
    print(link.string)
```

输出的 List 数组为：

```
test1
test2
test3
```

11）contents

取得该内容，依照 HTML 标签所切割的内容。如果 HTML 内容如下：

```
< a href = "..."> 文字一 < br>文字二</a>
```

若取得"文字二"的文字数据，则可以使用：

```
soup.select('a')[0].contents[1]
```

接下来，通过实例来练习 BeautifulSoup 的函数和属性的使用方法。

【实例 107】　02-BeautifulSoup-API.py

```
1.   import requests                                    # 导入网络函数库
2.   from bs4 import BeautifulSoup                       # 导入 BeautifulSoup 函数库
3.   text1 = """                                        # 样例 HTML 内容
4.   < head >
5.       < title >柯博文老师</title>
6.   </head >
7.   < body >
8.       < p class = "title"><b> The test </b></p>
9.       < a class = "redcolor" href = "http://powenko.com/1.html" id = "link1"> test1 </a>
10.      < a class = "bluecolor" href = "http://powenko.com/2.html" id = "link2"> test2 </a>
11.      < a class = "redcolor" id = "link3" href = "http://powenko.com/3.html" id = "link3">
test3 </a>
12.  </body >
13.  """
14.  soup = BeautifulSoup(text1, "html.parser")          # 转换
15.  print(soup.title)                                   # 取得网页标题
16.  print(soup.title.name)
17.  print(soup.title.string)                            # 取得网页标题内的文字
```

```
18.  print(soup.title.parent.name)
19.  print(soup.title.parent.name)
20.  print(soup.p)                              # 取得第一个 HTML 中 p 的内容
21.  print(soup.p['class'])
22.  print(soup.a)                              # 取得第一个 HTML 中 a 的内容
23.  print(soup.find_all('a'))                  # 取得所有 HTML 的 a
24.  for link in soup.find_all('a'):           # 所有 a(链接)的 URL 网址
25.       print(link.get('href'))
26.  print(soup.select('a'))                    # 所有 a(链接)
27.  print(soup.select('.redcolor'))            # 所有 class = "redcolor"
28.  print(soup.select('#link3'))              # 所有 id = "link3"
29.  for link in soup.select('a'):             # 所有 a(链接)的文字
30.       print(link.string)
```

运行结果如图 15-1 所示。

```
<title>柯博文老师</title>
title
柯博文老师
head
<p class="title"><b>The test</b></p>
['title']
<a class="redcolor" href="http://powenko.com/1.html" id="link1">test1</a>
[<a class="redcolor" href="http://powenko.com/1.html" id="link1">test1</a>, <a class="bluecolor" href="http://powenko
http://powenko.com/1.html
http://powenko.com/2.html
http://powenko.com/3.html
[<a class="redcolor" href="http://powenko.com/1.html" id="link1">test1</a>, <a class="bluecolor" href="http://powenko
[<a class="redcolor" href="http://powenko.com/1.html" id="link1">test1</a>, <a class="redcolor" href="http://powenko.
[<a class="redcolor" href="http://powenko.com/3.html" id="link3">test3</a>]
test1
test2
test3
```

图 15-1　运行结果

教学视频

15.3　实战案例——获取柯博文老师的博客文章

在这里将使用柯博文老师自己的网站做个实际样例,介绍如何读取该网站的标题,让读者了解相关技巧,再灵活运用。因为网站调整在所难免,如果该网站调整版面后,这个 Python 爬虫程序就需要依照新的版面重新调整开发。

1. 挑选网页工具

分析网站时首先要挑好一个你熟悉或者好用的网页工具来观看要找的网站的原始程序和 HTML 结构。在这里使用的是 Google Chrome 这个软件,先下载和打开这个软件,并且输入 http://www.powenko.com/wordpress 来观看,如图 15-2 所示。

图 15-2 柯博文老师的网页

2. 打开 Google Chrome 开发者工具

接下来选择 Settings→More Tools→Developer Tools 来打开程序开发者工具，如图 15-3 所示。

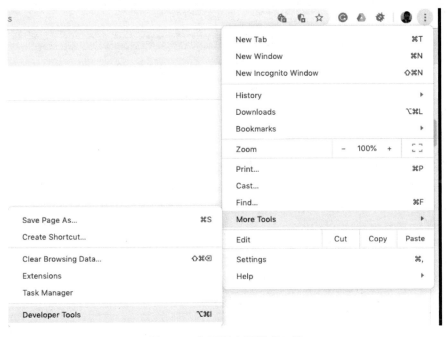

图 15-3 打开程序开发者工具

3．取得要获取的文章的原始程序

（1）如图 15-4 所示，单击 Elements 和图中所示方框。

（2）通过鼠标的移动，就能在网页上面看到对应的源代码。先把鼠标移动到 Android 标题下面的文章，就会看到该 HTML 的源代码与彼此标题之间的关系。

图 15-4　打开程序开发者工具

4．分析网页

因为等一下要通过程序来获取网站的 Android 新闻文章的标题，所以必须要了解网站的结构，以便编写程序时，可以精准地取得关键字。所以请用上一步的技巧来观察标题，看看是否有好的 class、id 或 HTML，可以让程序很快抓到标题，如图 15-5 所示。

柯博文老师的网站使用了很多 div 这样的标签，如果要获取 Android 新闻文章的标题，文字放在 area 下的 a 中，而 Android 局部放在 largefeaturepowenA2 的 div 中，其关系如下：

```
< div class = "largefeaturepowenA2" … >
      < div class = "area" … >
            < div style = "…">
                  < a … ></a>
```

```
              </div>
                  < a href = "…">
                  Android studio import < br >
                  < font > Android studio imports </ font >
              </a>
          </div>
          < hr style = …">
          < div class = "area" … >
              < div style = "…">
                  < a …></a>
              </div>
                  < a href = "…">
                  ioio DigitalOut Info demo < br >….
                  < font > …</ font >
              </a>
          </div>
          < hr style = …">
          …
      </div>
```

图 15-5　分析原始网页程序

5. 了解网页结构

了解网站和要获取的目标之后,在程序中抓取时需注意:

（1）找到 class＝"largefeaturepowenA2" 这个 div 标签。

（2）因为该标签在网站中还用在其他地方，以 Android 标题来看，是第一个使用该标签。

（3）然后，在里面筛选和获取所有的 class＝"area" 就可以取得所要的局部了。

（4）但是，它里面还有一些图片，所以需要再设置标签 a（链接）中的第二个。

（5）然而，该局部中还包含大标题和内容，只要大标题，就通过 contents［0］来获取该局部第一个 HTML 的段落。

【实例 108】 03-powenko.py

```
1.  import requests                                              # 导入网络函数库
2.  from bs4 import BeautifulSoup                                 # 导入爬虫函数库
3.  req = requests.get("http://www.powenko.com/wordpress")        # 取得网页数据
4.  soup = BeautifulSoup(req.text.encode('utf-8'), "html.parser") # 转换 UTF-8
5.  largefeaturepowenA2 = soup.select('.largefeaturepowenA2')     # 所有 class="largefea..."
6.  largefeature0 = largefeaturepowenA2[0]                        # 取得第一个
7.  for area in largefeature0.select('.area'):                    # 所有 class="area"
8.      print(area.select('a')[1].contents[0])                    # 标签 a 第二个中的第一个段落
```

运行结果如图 15-6 所示。

```
[powens-MacBook-Air:ch15 powenko$ python 03-powenko.py

                    Android studio import

                    ioio DigitalOut Info demo

                    04 Android  IOIO Analog

                    11 androidIOIO testDevice afterUpgrade

                    01 AndroidIOIO testBoard
```

图 15-6　运行结果

教学视频

15.4　实战练习

网页爬文的技巧会因为不同的网页内容格式而影响到程序的编写方法，所以最好的方法是就多找几个网站，多练习。通过实战的方式，这样才会提升网页爬文的技巧。

【实例109】 04-powenko-Baidu.py

```
1.  import requests                                    # 导入网络函数库
2.  from bs4 import BeautifulSoup                       # 导入爬虫函数库
3.  req = requests.get("http://news.baidu.com/tech")    # 取得百度科技新闻网页数据
4.  soup = BeautifulSoup(req.text.encode('utf-8'), "html.parser")   # 转换 UTF-8
5.  largefeaturepowenA2 = soup.select('.fb-list')       # 所有 class = "fb-list"
6.  largefeature0 = largefeaturepowenA2[0]              # 取得第一个
7.  for area in largefeature0.select('li'):             # 所有<li>
8.      print(area.select('a')[0].contents[0]).         # 标签 a 第一个中的第一个段落
```

运行结果如图 15-7 所示。

共享员工体验记：超市兼职配货日赚二百，有人跳槽有人..
2020 年中国程序员薪资和生活现状调查报告
从0到1渡过生死考验，iQOO一年成就大器之路
高刷新屏还不是全部？2020旗舰手机，还得有这两大..
制造业AI困境：如何攻克"小数据"问题？
又一家芯片企业发布5G芯片，中国手机芯片企业围攻美..

图 15-7 运行结果

提醒一下，实例会因为网站的内容而变化，需要自行调整。

教学视频

第 16 章

CHAPTER 16

pandas 数据分析和量化投资

16.1 安装

pandas 是 Python 的一个数据分析的函数库,2009 年底开放源代码,提供高性能、简易使用的数据格式(DataFrame),让用户可以快速操作及分析数据,并且可以很容易做出以下的动作:

- 获取网络上的 HTML Table 表格。
- 读入和捕获 jcsv、excel 格式的数据。
- 数据格式为 DataFrame 格式,可以转换成 index(row) 或 column 访问数据,整理数据的时候相当好用。

官方网站为 https://pandas.pydata.org/,如图 16-1 所示,上面提供最新版本的原始程序和很多的样例。

工欲善其事,必先利其器。用 pandas 爬取 HTML 的网站之前,请依照实际所使用的操作系统安装相关的函数库。

Windows 操作系统需要通过以下指令安装相关的函数库:

```
pip install pandas
pip install xlrd
pip install lxml
pip install xlsxwriter
pip install html5lib
pip install BeautifulSoup4
```

如图 16-2 所示,Mac 操作系统需要通过以下指令安装相关的函数库:

```
pip install pandas
pip install xlrd
pip install lxml
```

图 16-1 pandas 的官方网站

```
pip install xlsxwriter
pip install html5lib
pip install BeautifulSoup4
```

```
[powens-MacBook-Air:ch17_HTTP_XML powenko$ pip install pandas
Collecting pandas
  Downloading pandas-0.19.1-cp27-cp27m-macosx_10_6_intel.macosx_10_9_intel.macosx_10_9_x86_64.macosx_10_10_intel.macosx
_10_10_x86_64.whl (11.6MB)
    100% |████████████████████████████████| 11.6MB 83kB/s
Requirement already satisfied: numpy>=1.7.0 in /usr/local/lib/python2.7/site-packages (from pandas)
Collecting python-dateutil (from pandas)
  Downloading python_dateutil-2.6.0-py2.py3-none-any.whl (194kB)
    100% |████████████████████████████████| 194kB 1.4MB/s
Collecting pytz>=2011k (from pandas)
  Downloading pytz-2016.7-py2.py3-none-any.whl (480kB)
    100% |████████████████████████████████| 481kB 1.1MB/s
Requirement already satisfied: six>=1.5 in /usr/local/lib/python2.7/site-packages (from python-dateutil->pandas)
Installing collected packages: python-dateutil, pytz, pandas
Successfully installed pandas-0.19.1 python-dateutil-2.6.0 pytz-2016.7
powens-MacBook-Air:ch17_HTTP_XML powenko$
```

图 16-2 在 Mac 操作系统下安装相关的函数库

Linux 操作系统需要通过以下的指令安装相关的函数库：

```
$ brew install libxml2
$ brew install libxslt
```

```
$ brew link libxml2 -- force
$ brew link libxslt - force
$ pip install lxml
$ pip install html5lib
$ pip install pandas
```

16.2 使用 pandas 读入和存储 Excel 的文件

pandas 可以支持多种文字、二进制文件与数据库的数据装载,常见的 txt、csv、excel 都难不倒。pandas 可以导入 csv、excel、html 等多种格式,在此先介绍 read_excel 函数中常用的参数:

```
pandas.read_excel(io = "text.xls", sheet_name = "sheet", header = 0,  ** kwds)
```

- io="text. xls":要打开的文件名称,如 "text. xls"。
- sheet_name="sheet":请依照实际的 Excel 文件的工作表填写,如果不确定可以用 sheet_name=0,来可以打开第一个工作表。
- header=0:指定表格的值域名称放在第 0 条数据,如果该 CSV 没有值域名称,可以用 header=None。

通过以下程序就能打开 Excel 文件,并显示前 5 条数据。

【实例 110】 01-pandas1_excel. py

```
1.   import pandas aspd                                      # 导入 pandas 函数库,并指定名称为 pd
2.   df = pd.read_excel('ExpensesRecord.xls', 'sheet')       # Excel 的 sheet
3.   print(data.head())                                      # 显示前 5 条数据
4.
5.   from pandas import ExcelWriter
6.   writer = ExcelWriter('test.xlsx', engine = 'xlsxwriter')   # 存储的文件名和引擎
7.   df.to_excel(writer, sheet_name = 'sheet2')              # 写入数据
8.   writer.save()                                           # 存储
```

运行结果如图 16-3 所示。

```
   Unnamed: 0          Timestamp         时间 大项目 ...  消费县市 消费地址 Username 收据照片
0           0  11/5/2016 15:57:43  11/3/2016  食 ...    上海  NaN     NaN  NaN
1           1  11/5/2016 15:58:37  11/4/2016  食 ...    上海  NaN     NaN  NaN
2           2  11/6/2016 21:20:19  11/6/2016  食 ...    上海  NaN     NaN  NaN
3           3  11/6/2016 21:22:08  11/6/2016  行 ...    上海  NaN     NaN  NaN
4           4  11/6/2016 21:23:00  11/6/2016  食 ...    杭州  NaN     NaN  NaN

[5 rows x 12 columns]
```

图 16-3 运行结果

将 ExpensesRecord. xls 中 sheet 工作表的内容存储到 test. xlsx 的 sheet2 工作表。在此样例中已经将数据导出成为常见的 Excel 表。

教学视频

补充数据：

pandas 函数也能读入在云端的数据，可通过"df ＝ pd. read_excel('http://xxxx/test. xls'，'sheet')"将 Excel 表装载。

16.3 使用 pandas 读入和存储 CSV 的文本内容

pandas 也可以轻松地导入 CSV 格式，下面介绍 read_csv 函数中常用的参数：

```
pandas.read_csv("text.xls", sep = ",", header = 0,    ** kwds)
```

- read_csv：可以读入本地文件（如 text. csv），也可以读入网络文件（如 http://xxx/test. csv）。
- sep＝","：CSV 文件在区分数据时，通常都会用逗号，请依照实际状况调整。
- header＝0：指定表格的值域名称放在第 0 条数据，如果该 CSV 没有值域名称，可以用 header＝None。

【实例 111】 02-pandas1_csv. py

```
1.   import pandas aspd                        ♯ 导入 pandas 函数库,并指定名称为 pd
2.   df = pd.read_csv('ExpensesRecord.csv')    ♯ 打开 CSV 文件
3.   print(df.head(5))                         ♯ 显示前 5 条数据
4.   df.to_csv("test.csv")                     ♯ 写入数据
```

运行结果如图 16-4 所示。

```
   Unnamed: 0              Timestamp        时间 大项目 ...   消费县市  消费地址 Username 收据照片
0            0  11/5/2016 15:57:43  11/3/2016  食  ...    上海   NaN      NaN  NaN
1            1  11/5/2016 15:58:37  11/4/2016  食  ...    上海   NaN      NaN  NaN
2            2  11/6/2016 21:20:19  11/6/2016  食  ...    上海   NaN      NaN  NaN
3            3  11/6/2016 21:22:08  11/6/2016  行  ...    上海   NaN      NaN  NaN
4            4  11/6/2016 21:23:00  11/6/2016  食  ...    杭州   NaN      NaN  NaN

[5 rows x 12 columns]
```

图 16-4 运行结果

因为该 CSV 和 Excel 的内容一样,所以运行结果一样,运行后会将 ExpensesRecord. csv 的内容存储到 test. csv。

教学视频

16.4　读入网络上的表格

pandas 可以导入网络上位置,获取 HTML 的 TABLE 格式。read_html 函数中常用的参数如下:

```
pandas.read_html(io = "http://xxxx",  header = 0,   ** kwds)
```

- io＝"http://xxxx":要打开的网络位置,并获取该网页中的 HTML TABLE 表格。
- header＝0:指定表格的值域名称放在第 0 条数据。如果该 CSV 没有值域名称,可以用 header＝None。

【实例 112】 03-pandas1_web.py

```
1.   import pandas as pd                    # 导入 pandas 函数库,并指定名称为 pd
2.   df = pd.read_html('http://www.fdic.gov/bank/individual/failed/banklist.html')
3.   print(df[0].head(5) )
```

运行结果如图 16-5 所示。

```
[powens-MacBook-Air:ch18_Pandas powenko$ python Pandas1_load.py
[                           Bank Name            City  ST   CERT  \
0                         Allied Bank        Mulberry  AR     91
1          The Woodbury Banking Company        Woodbury  GA  11297
2            First CornerStone Bank  King of Prussia  PA  35312
3                  Trust Company Bank         Memphis  TN   9956
4          North Milwaukee State Bank       Milwaukee  WI  20364
5          Hometown National Bank        Longview  WA  35156
6             The Bank of Georgia  Peachtree City  GA  35259
7                      Premier Bank          Denver  CO  34112
```

图 16-5　运行结果

下面介绍 Mac 上 SSL 问题的解决方案。

首先更新 pip:

```
pip install -- upgrade certifi
```

然后运行：

```
Applications/Python 3.6/Install Certificates.command
```

就可以解决这个问题，如图 16-6 所示。

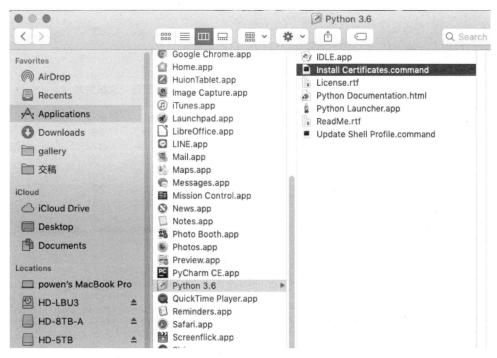

图 16-6　Mac 上 SSL 问题的解决方案

教学视频

16.5　DataFrame

pandas 的基本数据结构叫 DataFrame，你可以将它想成一个表格，其中列的名称叫 index，行的名称叫 columns。如图 16-7 所示，假设想把刚刚的 CSV 数据中"说明"值域的数据提取出来，可以通过

```
print(DataFrame["说明"])
```

来执行。或者列出所有支出金额：

```
print(DataFrame["支出金额"])
```

也可以同时获取两个值域的数据。

```
print(DataFrame[["说明","支出金额"]] )
```

运行结果如图 16-8 所示。

```
0          羊肉汤
1        coffee
2         鸡排x2
3      自强号和车票
4         三明治
5          奶茶
6          水饺
7          高铁
8       7-11早餐
9          奶茶
```

```
           说明   支出金额
0        羊肉汤      40
1      coffee    150
2       鸡排x2     110
3        车票      87
4        三明治     28
5        奶茶      28
6        水饺      80
7        高铁     280
```

图 16-7 运行结果   图 16-8 print(DataFrame[["说明","支出金额"]])
的运行结果

还可以通过 Dictionary 字典的方式,自行创建 DataFrame。比如:

```
df = pd.DataFrame({'Math':[90, 91,92, 93, 94],'English': np.arange(80,85,1) })
print(df[["Math","English"]])
```

运行结果如图 16-9 所示。

```
       Math  English
0        0        0
1        1        1
2        2        2
3        3        3
4        4        4
```

图 16-9 Dictionary 字典方式的运行结果

通过以下实例整合这两个使用案例。

【实例 113】 04-Columns.py

```
1.    import pandas as pd                                      # 导入 pandas 函数库,并指定名称为 pd
2.    PandasData = pd.read_csv('ExpensesRecord2.csv')          # 打开 CSV 文件
3.    print(PandasData["说明"] )                                # 显示"说明"数据
4.    print(DataFrame[["说明","支出金额"]] )                     # 显示"说明"和"支出金额"数据
5.    df = pd.DataFrame({'Math': [0, 1, 2, 3, 4],'English': np.arange(0,5,1) })   # 自定新增 DF
6.    print(df[["Math","English"]])                            # 显示
```

教学视频

16.6　计算

在程序中，通过 DataFrame["支出金额"] 和 DataFrame["数量"] 把其值域获取出来，并且通过除法的符号加以计算后放入到新的值域 DataFrame["单价"]，完整的程序如下。

【实例 114】　05-Math.py

```
1.   import pandas as pd                              # 导入 pandas 函数库,并指定名称为 pd
2.   DataFrame = pd.read_csv('ExpensesRecord.csv')    # 打开 CSV 文件
3.   DataFrame["单价"] = DataFrame["支出金额"]/DataFrame["数量"]    # 计算
4.   print(DataFrame[["数量","支出金额","单价"]] )    # 显示
```

运行结果如图 16-10 所示。

```
     数量   支出金额    单价
0     1     40    40.0
1     1    150   150.0
2     2    110    55.0
3     1     87    87.0
4     1     28    28.0
5     1     28    28.0
6     1     80    80.0
7     1    280   280.0
8     1     39    39.0
9     1     28    28.0
10    1    100   100.0
11    1     35    35.0
12    1    178   178.0
13    1    269   269.0
14    1    100   100.0
15    1     25    25.0
```

图 16-10　运行结果

教学视频

16.7　实战分析 Apple 公司股价

接下来几节将通过 pandas 来挑战实际运用。

首先通过 pandas_datareader 来安装下载股票的功能，该函数库在 Python 2.7 和 Python 3.x 的安装上有些差异。

（1）在 Python 2.x 安装。

```
pip install fix_yahoo_finance
pip install  pandas_datareader
```

(2) 在 Python 3.x 安装。

```
pip3 install -- upgrade pip
pip3  install fix_yahoo_finance
pip3  install git + https://github.com/pydata/pandas - datareader.git/
```

1) 下载股票

通过 pandas_datareader.data.get_data_yahoo("AAPL"，start＝"2018-01-01"，end＝"2019-08-10") 来取得苹果公司股票 AAPL 从 2018-01-01 到 2019-08-10 的股价信息。

```
pandas_datareader.data.get_data_yahoo("AAPL", start = "2018 - 01 - 01", end = "2019 - 08 - 10")
```

- "AAPL"：要获取的股票名称。
- start＝"2018-01-01"：要获取的开始日期。
- end＝"2019-08-10"：要获取的最后一天。

【实例 115】　06-AppleStock.py

```
1.  import pandas as pd
2.  from pandas_datareader import data, wb
3.  import pandas_datareader.data as web
4.  import fix_yahoo_finance as yf          # 抓股票的价格
5.  yf.pdr_override()
6.  df = web.get_data_yahoo("AAPL", start = "2018 - 01 - 01", end = "2019 - 08 - 10")
                                            # 下载股价
7.  writer = pd.ExcelWriter('AAPL.xlsx')    # 文件名称
8.  df.to_excel(writer,'AAPL')              # 写入数据
9.  print(df.head())                        # 显示前 5 条数据
10. writer.save()                           # 存储
```

运行结果如图 16-11 所示。

```
[*********************100%***********************]  1 of 1 downloaded
                Open        High      ...      Adj Close    Volume
                                      ...
Date                                  ...
2018-01-02  170.160004  172.300003   ...      170.901505  25555900
2018-01-03  172.529999  174.550003   ...      170.871735  29517900
2018-01-04  172.539993  173.470001   ...      171.665436  22434600
2018-01-05  173.440002  175.369995   ...      173.619904  23660000
2018-01-08  174.350006  175.610001   ...      172.975037  20567800
```

图 16-11　运行结果

教学视频

2）补充内容

因为这些股票信息是通过 Yahoo 财经网站获得的，如图 16-12 所示，所以以 https://finance.yahoo.com/的数据为主。如果想获取其他股票，可以依照以下的编码方法调整，将苹果公司别名 AAPL 改为其他别名。

- 中国银行为 601988.SS。
- 恒生银行为 0011.HK。
- 台积电为 2330TW。

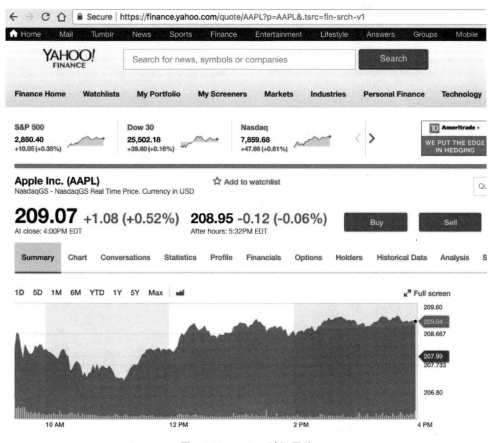

图 16-12　Yahoo 财经网站

若常常短时间大量地使用 pandas_datareader. data. get_data_yahoo()函数,会被 Yahoo 的网站当成恶意攻击的 IP 网址,所以当抓到要用的数据后,推荐存储为 Excel 文件作为数据的读入来源。

16.8　统计相关计算

在取得这 8 个月的数据后,可以通过 pandas 的函数快速地计算出这 8 个月的相关统计信息。通过 pandas 好用的属性与方法可以快速了解一个 DataFrame 的外观与内容。

- df. shape:这个 DataFrame 有几列、有几分栏。
- df. columns:这个 DataFrame 的变量信息。
- df. index:这个 DataFrame 的列索引信息。
- df. info():关于 DataFrame 的详细信息。
- df. describe():关于 DataFrame 各数值变量的描述统计。

1) 数据的模式

```
print(type(df))
```

输出:

```
< class 'pandas.core.frame.DataFrame'>
```

2) 数据的尺寸

```
print(df.shape)
```

输出:

```
(147, 7)
```

表示有 147 条数据,每一条数据有 7 个值域。

3) 值域名称

```
print(df.columns)
```

输出:

```
Index(['Date', 'Open', 'High', 'Low', 'Close', 'Adj Close', 'Volume'], dtype = 'object')
```

通过矩阵回传每一个值域的名称。

4）索引指数

```
print(df.index)
```

输出：

```
RangeIndex(start = 0, stop = 147, step = 1)
```

意思是数据由第 0 条开始，然后到第 147 条退出，每个数据相差 1 个。

5）该 DataFrame 的相关信息

```
print(df.info())
```

输出：

```
Data          columns (total 7 columns):
Date          147 non-null datetime64[ns]
Open          147 non-null float64
High          147 non-null float64
Low           147 non-null float64
Close          147 non-null float64
Adj Close      147 non-null float64
Volume        147 non-null int64
dtypes: datetime64[ns](1), float64(5), int64(1)
memory usage: 8.1 KB
None
```

会列出每一个值域，并显示条数、是否有空的数据、该值域的数据模式。内存使用空间为 8.1KB。

6）统计描述

```
print(df.describe())
```

输出：

	Open	High	...	Adj Close	Volume
count	147.000000	147.000000	...	147.000000	1.470000e+02
mean	178.905987	180.528095	...	178.454282	3.111082e+07
std	9.909327	9.423878	...	10.321590	1.378172e+07
min	154.830002	157.889999	...	153.926437	1.251390e+07
25%	172.294999	173.974998	...	171.070343	2.085620e+07
50%	177.910004	179.389999	...	177.336182	2.796300e+07
75%	187.834999	188.860001	...	187.934998	3.756400e+07
max	199.130005	201.759995	...	201.500000	8.659380e+07

意思是：

- count,数据条数。
- mean,平均值。
- std,标准差。

【实例116】 07-AppleStock_info.py(这里只显示部分代码)

```
1.   import pandas as pd
2.   df = pd.read_excel('AAPL.xlsx', 'AAPL')      # 读入 Excel 的文件数据
3.   print(df.head())                             # 显示前面 5 条数据
4.   print(type(df))                              # 数据的模式
5.   print(df.shape)                              # 数据的尺寸
6.   print(df.columns)                            # 值域名称
7.   print(df.index)                              # 索引指数
8.   print(df.info())                             # 相关信息
9.   print(df.describe())                         # 统计描述
```

运行结果如图 16-13 所示。

```
Backend TkAgg is interactive backend. Turning interactive mode on.
        Date        Open        High   ...      Close  Adj Close    Volume
0 2018-01-02  170.160004  172.300003   ... 172.259995 170.901505  25555900
1 2018-01-03  172.529999  174.550003   ... 172.229996 170.871735  29517900
2 2018-01-04  172.539993  173.470001   ... 173.029999 171.665436  22434600
3 2018-01-05  173.440002  175.369995   ... 175.000000 173.619904  23660000
4 2018-01-08  174.350006  175.610001   ... 174.350006 172.975037  20567800

[5 rows x 7 columns]
<class 'pandas.core.frame.DataFrame'>
(147, 7)
Index(['Date', 'Open', 'High', 'Low', 'Close', 'Adj Close', 'Volume'], dtype='object')
RangeIndex(start=0, stop=147, step=1)
<class 'pandas.core.frame.DataFrame'>
```

图 16-13　运行后的部分结果

教学视频

7) 补充内容

其他常见的函数有：

- df.count()　　　　# 计算数量
- df.min()　　　　　# 最小值
- df.max()　　　　　# 最大值
- df.idxmin()　　　　# 最小值的位置,类似 R 语言中的 which.min 函数

- df.idxmax()　　　＃最大值的位置，类似 R 语言中的 which. max 函数
- df.quantile(0.1)　＃ 10％分位数
- df.sum()　　　　＃ 求和
- df.mean()　　　　＃ 均值
- df.median()　　　＃ 中位数
- df.mode()　　　　＃ 众数
- df.var()　　　　　＃方差
- df.std()　　　　　＃标准差
- df.mad()　　　　　＃平均绝对偏差
- df.skew()　　　　＃偏度
- df.kurt()　　　　＃峰度

16.9　逻辑判断——找出股价高点

pandas 非常容易编写逻辑判断式，可以方便地在大量的数据之中，找到想要或者符合查找条件的数据。编写布尔判断条件，要将符合条件的观测值从数据中筛选出。

1）显示特定日期的数据

```
print(df[df['Date'] == '2018 - 01 - 05'])
```

输出：

```
                  Date          Open              High    ...      Close
Adj Close      Volume
3 2018 - 01 - 05   173.440002   175.369995    ...      175.0   173.619904   23660000
```

就可以找到在 2018 年 1 月 5 日那一天的股票开盘、收盘价等相关数据。

2）显示特定区间时间的数据

```
print(df[(df['Date'] >= '2018 - 07 - 05') & (df['Date'] <= '2018 - 07 - 10')])
```

输出：

```
Date                  Open          ...      Adj Close      Volume
142 2018 - 07 - 26   194.610001     ...      194.210007     19076000
143 2018 - 07 - 27   194.990005     ...      190.979996     24024000
146 2018 - 08 - 01   199.130005     ...      201.500000     67935700

[3 rows x 7 columns]
```

就可以找到在 2018 年 7 月 5 日到 2018 年 7 月 10 日那几天的股票开盘、收盘价等相关数据,也可以通过>(大于)或者<(小于)找出特定价位。如果有多个条件,可以使用|(或)或者 &(与)符号,比如选出多个日期。

　　3) 找出开盘价高过 194.2 元的数据

```
print(df[df['Open'] > 194.2])
```

输出:

```
Date             Open        ...     Adj Close      Volume
142 2018 - 07 - 26  194.610001   ...     194.210007    19076000
143 2018 - 07 - 27  194.990005   ...     190.979996    24024000
146 2018 - 08 - 01  199.130005   ...     201.500000    67935700

[3 rows x 7 columns]
```

就可以找到哪几天股票开盘价高于 194.2 元的相关数据,并且找出股票的高点,也就是卖出的日期。

　　4) 显示前 5 条的特定值域

```
print(df[['Date','Open']][:5])
```

输出:

```
Date             Open
0 2018 - 01 - 02  170.160004
1 2018 - 01 - 03  172.529999
2 2018 - 01 - 04  172.539993
3 2018 - 01 - 05  173.440002
4 2018 - 01 - 08  174.350006
```

用值域的名称可以将数据从数据值域中选出,比如选出 Date 与 Open 的数据。

　　5) 找出交易量较小的前 5 条数据

```
print(df.sort_values(by = ['Volume'])[:5])
```

输出:

```
Date             Open        ...     Adj Close      Volume
133 2018 - 07 - 13  191.080002   ...     191.330002    12513900
126 2018 - 07 - 03  187.789993   ...     183.919998    13954800
134 2018 - 07 - 16  191.520004   ...     190.910004    15043100
97  2018 - 05 - 22  188.380005   ...     187.160004    15240700
```

```
135 2018 - 07 - 17  189.750000   ...        191.449997  15534500
[5 rows x 7 columns]
```

sort_values 函数库主要是做排列使用，可以依照指定的值域来进行，这里是用 by =
['Volume']，就能依照数据由小到大排列找出前 5 条较小的交易量。

6）找出前 5 条较大的交易量

```
print(df.sort_values(by = ['Volume'], ascending = False)[:5])
```

输出：

```
    Date        Open         ...       Adj Close      Volume
22  2018 - 02 - 02  166.000000  ...   159.234253    86593800
23  2018 - 02 - 05  159.100006  ...   155.255890    72738500
27  2018 - 02 - 09  157.070007  ...   155.809189    70672600
24  2018 - 02 - 06  154.830002  ...   161.744293    68243800
146 2018 - 08 - 01  199.130005  ...   201.500000    67935700
[5 rows x 7 columns]
```

依旧使用 sort_values 函数库，用 by=['Volume'] 排列，通过 ascending＝False 设置将
最大的数据放在前几条，再通过[:5] 切割取出前面 5 条数据。

7）计算出每 7 条数据平均开盘价，只处理前 30 条数据

```
print(df['Open'][:30].rolling(7).mean())
```

输出：

```
0          NaN
...
5          NaN
6     172.961430
7     173.594286
8     174.115714
...
29    159.261429
```

通过 df['Open'][:30] 找出前 30 条数据，rolling(7)是把前 7 条数据取出，. mean()是取得
平均值，也就能算出 7 条数据的平均开盘价格。

【实例 117】 08-filter. py（这里只显示部分代码）

```
1.  print(df[df['Date'] == '2018 - 01 - 05'])                    # 显示 2018 - 01 - 05 数据
2.  print(df[(df['Date'] >= '2018 - 07 - 05') & (df['Date'] <= '2018 - 07 - 10')]) # 显示某时段
                                                                # 数据
```

```
3.   print(df[df['Open'] > 194.2])                                    # 找出开盘价高过 194.2
4.   print(df[['Date','Open']][:5])                                   # 显示前 7 条数据的特定值域
5.   print(df.sort_values(by = ['Volume'])[:5])                       # 最小的前 5 条交易量数据
6.   print(df.sort_values(by = ['Volume'], ascending = False)[:5])    # 最大的前 5 条交易量数据
7.   print(df['Open'][:30].rolling(7).mean())                         # 每 7 条数据平均开盘价
```

运行结果如图 16-14 所示。

```
          Date        Open         High     ...       Close    Adj Close      Volume
3   2018-01-05  173.440002   175.369995     ...       175.0   173.619904    23660000

[1 rows x 7 columns]
          Date        Open       ...       Adj Close      Volume
127  2018-07-05  185.259995     ...       185.399994    16604200
128  2018-07-06  185.419998     ...       187.970001    17485200
129  2018-07-09  189.500000     ...       190.580002    19756600
130  2018-07-10  190.710007     ...       190.350006    15939100

[4 rows x 7 columns]
          Date        Open       ...       Adj Close      Volume
142  2018-07-26  194.610001     ...       194.210007    19076000
143  2018-07-27  194.990005     ...       190.979996    24024000
146  2018-08-01  199.130005     ...       201.500000    67935700
```

图 16-14　运行后的部分结果

教学视频

16.10　计算股价浮动和每月的变化

在此要通过 pandas 来计算股价每天的浮动与特定月份的买卖张数。

1）股价每天的浮动

```
df['diff'] = df['Close'] – df['Open']
```

通过 df['Close']-df['Open'] 就能计算出开盘价和收盘价的价格变化,并将数据存放入新的值域 df['diff'] 之中,方便以后使用。

2）取得年份

```
df['year'] = pd.DatetimeIndex(df['Date']).year
```

通过 pd.DatetimeIndex(df['Date']) 将数据转换成 Datetime 的数据类,再通过 .year

就能取得该数据的年份,并将数据存放入新的值域 df['year'] 之中,方便以后使用。

3)取得月份

```
df['month'] = pd.DatetimeIndex(df['Date']).month
```

通过 pd.DatetimeIndex(df['Date']) 将数据转换成 Datetime 的数据类,再通过.month 就能取得该数据的月份,并将数据存放入新的值域 df['month'] 之中,方便以后使用。

4)取得 4 月的买价张数

```
print("April Volume sum = % .2f" % df[df['month'] == 4][['Volume']].sum())
```

输出:

```
April Volume sum = 666154300.00
```

5)取得 4 月的平均开盘价

```
print("April Open mean = % .2d" % df[df['month'] == 4][['Open']].mean())
```

输出:

```
April Open mean = 169
```

【实例 118】 09-calculation.py(这里只显示部分代码)

```
1.  df['diff'] = df['Close'] - df['Open']  # 每 7 条数据平均开盘价
2.  df['year'] = pd.DatetimeIndex(df['Date']).year
3.  df['month'] = pd.DatetimeIndex(df['Date']).month
4.  print(df.head())
5.  print("April Volume sum = % .2f" % df[df['month'] == 4][['Volume']].sum())
6.  print("April Open mean = % .2d" % df[df['month'] == 4][['Open']].mean())
```

运行结果如图 16-15 所示。

```
         Date        Open         High    ...         diff   year  month
0  2018-01-02  170.160004  172.300003    ...     2.099991   2018      1
1  2018-01-03  172.529999  174.550003    ...    -0.300003   2018      1
2  2018-01-04  172.539993  173.470001    ...     0.490006   2018      1
3  2018-01-05  173.440002  175.369995    ...     1.559998   2018      1
4  2018-01-08  174.350006  175.610001    ...     0.000000   2018      1

[5 rows x 10 columns]
April Volume sum=666154300.00
April Open mean=169
```

图 16-15 运行后的部分结果

6)补充内容

数据整理的基本函数中还有一些函数可以使用,其使用方法和数据库 SQL 很类似。

- filter()函数:SQL 查询中的 where 描述。
- select()函数:SQL 查询中的 select 描述。
- mutate()函数:SQL 查询中的衍生值域描述。
- arrange()函数:SQL 查询中的 order by 描述。
- summarise()函数:SQL 查询中的聚合函数描述。
- group_by()函数:SQL 查询中的 group by 描述。

教学视频

16.11　画出股票的走势图和箱形图

之前已通过 matplotlib.pyplot 绘图的功能,将所预测的股票用不同模式的图表画出,也就可以达到金融科技中的量化分析。在前面介绍过,pandas 包将 matplotlib.pyplot 的图形函数库包装起来,让用户只要调用 df.plot() 就能够便利地绘图。

(1) X 的数据取 Data 日期,Y 的数据取 Open 开盘价,画出每天开盘价。

```
import matplotlib.pyplot as plt
df.plot(x = 'Date', y = 'Open',grid = True, color = 'blue')
plt.show()
```

输出如图 16-16 所示。

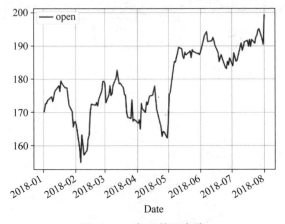

图 16-16　每天的开盘价

通过 df['Data'] 和 df['Open'] 画出每天的开盘价格,并用带颜色线条(实际颜色以程序运行时为准)画出。

可以选择的图形种类相当丰富,只要指定 kind 参数即可。

- 'line': 线图(默认)。
- 'bar': 纵向长条图。
- 'barh': 水平长条图。
- 'hist': 直方图。
- 'box': 箱形图。
- 'scatter': 散点图。
- 'hexbin': hexbin plot 点图。

(2)画出每天开盘的涨跌幅次数。

```
import matplotlib.pyplot as plt
df.plot(x = 'Date', y = 'Open',grid = True, color = 'blue')
plt.show()
```

输出如图 16-17 所示,可以轻易地看出苹果公司每天的股票涨跌幅度,并且排列出次数。

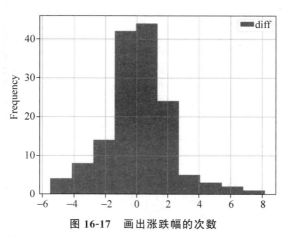

图 16-17　画出涨跌幅的次数

(3)依照月份,X 的数据取 Day 日,Y 的数据取 Open 开盘价,画出每一天开盘价。

```
fig, ax = plt.subplots()
for name, group in df.groupby('month'):
    group.plot(x = 'day', y = 'Open', ax = ax, label = name)
plt.show()
```

输出结果如图 16-18 所示。

通过 groupby 的方法,将区分出每个月,并依照 df['Data'] 和 df['Open'] 画出每天的开

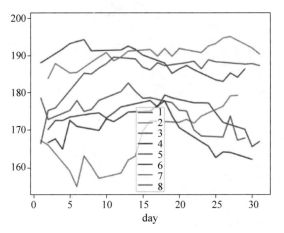

图 16-18　每月的开盘价(见彩插)

盘价格,并用不同的线条画出。

(4)依照开盘、收盘、最高价绘出。

```
fileds = ['Open','Close','High']
fig, ax = plt.subplots()
for name in fileds:
    df.plot(x = 'Date', y = name, ax = ax, label = name)
plt.show()
```

输出如图 16-19 所示。

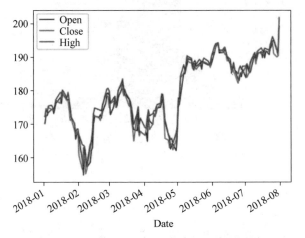

图 16-19　依照开盘、收盘、最高价绘出(见彩插)

通过循环的方法,依照 X 为 df['Data'] 和 Y 为指定的开/收盘价画出每天价格,并用不同的颜色线条画出。

（5）绘出箱形图。

```
dfMonths = df.loc[df['month'].isin([1,2,3,4,5,6,7])]        # 抓出月份
print(dfMonths)
dfMonthsPivot = dfMonths.pivot_table(values = 'High', columns = 'month', index = 'day')
dfMonthsPivot.plot(kind = 'box',title = 'Months High')      # 绘出箱形图
plt.show()
```

输出如图 16-20 所示。

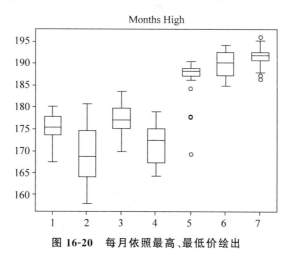

图 16-20　每月依照最高、最低价绘出

箱形图（Box plot），又称盒须图，是一种用作显示一组数据分布情况的统计图，因形状如箱子而得名。此图除盒子之外，也常会有线条在上下四分位数之外扩展出去，像是胡须，因此也称为盒须图。

以一月的箱形图为例显示出：

- 最小值（minimum）＝167；
- 下四分位数（Q1）＝173；
- 中位数（Med，也就是 Q2）＝176；
- 上四分位数（Q3）＝177；
- 最大值（maximum）＝180。

【实例 119】　10-matplot.py（这里只显示部分代码）

```
1.   import matplotlib.pyplot as plt
2.   df.plot(x = 'Date', y = 'Open', grid = True, color = 'blue')      # 每天的开盘价图表
3.   plt.show()
4.
5.   df.plot( y = 'diff',grid = True, color = 'red',kind = 'hist')     # 涨和跌的次数图表
6.   plt.show()
7.
```

```
8.   fig, ax = plt.subplots()
9.   for name, group in df.groupby('month'):
10.      group.plot(x = 'day', y = 'Open', ax = ax, label = name)        ♯ 每月的开盘价图表
11.  plt.show()
12.
13.  fileds = ['Open', 'Close', 'High']
14.  fig, ax = plt.subplots()
15.  for name in fileds:
16.      df.plot(x = 'Date', y = name, ax = ax, label = name)            ♯ 每天开盘、收盘、最高价
17.  plt.show()
18.
19.  dfMonths = df.loc[df['month'].isin([1,2,3,4,5,6,7])]
20.  print(dfMonths)
21.  dfMonthsPivot = dfMonths.pivot_table(values = 'High', columns = 'month', index = 'day')
22.  dfMonthsPivot.plot(kind = 'box',title = 'Months High')            ♯ 绘出箱形图
23.  plt.show()
```

运行结果与本节所介绍的输出相同,故不重复在此显示结果。

教学视频

## 第 17 章

NumPy 矩阵运算

数学函数库

17.1　矩阵数据初始化

NumPy 函数库需要通过以下方法，才能加入 Python 中并进行使用。

```
$ pip install numpy
```

NumPy 是 Python 科学计算的核心库。它提供了一个高性能的多维数组对象，以及用于处理这些矩阵的处理工具；提供了方便和快速的 N 维数组的记录和计算方法，很多函数库都会用到，如 SciPy、Tensorflow 等。通过以下的方法，可以初始化 NumPy 模块。

【实例 120】　01-numpy1.py

```
1.   import numpy as np                      # 函数导入
2.   a = np.array([1, 2, 3])                 # 预定义一维矩阵
3.   print(type(a))                          # 输出数据模式 "< type 'numpy.ndarray'>"
4.   print(a.shape)                          # 显示矩阵的维度 "(3,)"
5.   print(a[0], a[1], a[2])                 # 输出为 1, 2, 3
6.   a[0] = 5                                 # 改变第 0 条数据为 5
7.   print(a)                                # 输出为 5, 2, 3
8.
9.   b = np.array([[1,2,3],[4,5,6]])         # 预定义二维矩阵
10.  print(b.shape)                          # 显示矩阵的维度 "(2,3)"
11.  print(b[0, 0], b[0, 1], b[1, 0])        # 输出为 1, 2, 4
```

运行结果如图 17-1 所示。

```
<class 'numpy.ndarray'>
(3,)
1 2 3
[5 2 3]
(2, 3)
1 2 4
```

图 17-1　运行结果

教学视频

17.2　NumPy 默认数组

为了方便预定义大量的数组,NumPy 还提供了许多函数来创建矩阵,比如 zeros 默认数组为 0,ones 默认数组为 1,full 默认数组为自定义数。

【实例 121】　02-zeros.py

```
1.   import numpy as np                 # 导入 NumPy 函数库,并指定名称为 np
2.   a = np.zeros((2,2))                # 数组 [2,2] 的默认为 0
3.   print(a)                           # 输出 "[[ 0.  0.], [ 0.  0.]]"
4.   b = np.ones((1,2))                 # 数组 [1,2] 的默认为 0
5.   print(b)                           # 输出 "[[ 1.  1.]]"
6.   c = np.full((2,2), 7)              # 数组 [2,2] 的默认为 7
7.   print(c)                           # 输出 "[[ 7.  7.], [ 7.  7.]]"
8.   d = np.eye(3)                      # 数组 [3,3],左上到右下对角为 1
9.   print(d)                           # 输出 "[[ 1.  0.  0.], [ 0.  1. 0.], [ 0.  0. 1.]]"
10.  e = np.random.random((2,2))        # 数组 [2,2]的数为 0 到 1
11.  print(e)                           # 输出
```

运行结果如图 17-2 所示。

```
[[0. 0.]
 [0. 0.]]
[[1. 1.]]
[[7 7]
 [7 7]]
[[1. 0. 0.]
 [0. 1. 0.]
 [0. 0. 1.]]
[[0.12639823 0.15206673]
 [0.00235045 0.76791628]]
```

图 17-2　运行结果

教学视频

17.3　多维数组的索引

NumPy 在对应数据上,可以使用多维数组的索引.array indexing 方法看出对应的关系。

【实例 122】　03-ArrayIndexing.py

```
1.   import numpy as np                              # 导入 NumPy 函数库,并指定名称为 np
2.   a = np.array([[1,2,3,4], [5,6,7,8], [9,10,11,12]])
3.   b = a[0:2,1:3]                                  # 预定义 b 为 a 的部分数组
4.   print(b)                                        # 输出 [[2 3], [6 7]]
5.   b[0, 0] = 99                                    # 修改 b 的局部数组
```

```
6.   print(b)                    # 输出 [[99  3], [ 6  7]]
7.   print(a)                    # 输出[[ 1 99  3  4],[ 5  6  7  8],[ 9 10 11 12]]
```

运行结果如图 17-3 所示。

b = a[0:2,1:3]，当修改 b 时，因变量对应到相同的内存位置，所以只要 b 变量的数据修改，就会影响到 a 变量的内容，反之亦然。如果要避免这个问题可以使用以下的方法，就能复制另外一份。

```
b = a[0:2,1:3].copy()
```

```
[[2 3]
 [6 7]]
[[99  3]
 [ 6  7]]|
[[ 1 99  3  4]
 [ 5  6  7  8]
 [ 9 10 11 12]]
```

图 17-3 运行结果

教学视频

17.4 多维数组的切片

多维数组的切割在科学和统计上的计算是非常重要的，在这个程序中，将通过[数组行头,尾：数组列,尾] 方式，把多维数组给切片(slicing)出来。

【实例 123】 04-slider.py

```
1.   import numpy as np                 # 导入 NumPy 函数库，并指定名称为 np
2.   a = np.array([[1,2,3,4], [5,6,7,8], [9,10,11,12]])  # 预定义二维矩阵数据
3.   row_r1 = a[1, :]                    # row_r1 为 [ 5 6 7 8]  一维数组
4.   row_r2 = a[1:2, :]                  # row_r2 为 [[ 5 6 7 8]]  二维数组
5.   print(row_r1, row_r1.shape)         # 输出为 [5 6 7 8] (4,)
6.   print(row_r2, row_r2.shape)         # 输出为 [[5 6 7 8]] (1, 4)
7.   col_r1 = a[:, 1]                    # col_r1 为 [ 2  6 10] 一维数据
8.   col_r2 = a[:, 1:2]                  # col_r2 为 [[ 2] [ 6] [10]] 二维数据
9.   print(col_r1, col_r1.shape)         # 输出为 [ 2  6 10] (3,)
10.  print(col_r2, col_r2.shape)         # 输出为 [[ 2] [ 6] [10]] (3, 1)
```

运行结果如图 17-4 所示。

```
[5 6 7 8] (4,)
[[5 6 7 8]] (1, 4)
[ 2  6 10] (3,)
[[ 2]
 [ 6]
 [10]] (3, 1)
```

图 17-4 运行结果

教学视频

17.5 花式索引

花式索引,即利用整数数组进行索引。为了以特定的顺序选取行子集,只需传入一个用于指定顺序的整数列表或 ndarray 即可。

【实例 124】 05-Index.py

```
1.   import numpy as np                          # 导入 NumPy 函数库,并指定名称为 np
2.   a = np.array([[1,2], [3, 4], [5, 6]])       # 预定义二维数组数据
3.   print(a[0, 0])                              # 输出为 1
4.   print(a[1, 1])                              # 输出为 4
5.   b = [a[0, 0], a[1, 1]];                     # b 为 [1, 4],一维数组
6.   print(b)                                    # 输出为 [1, 4]
7.   b = a[[0, 0], [1, 1]];                      # b 为 [2, 2],也就是 [a[0, 1], a[0, 1]]
8.   print(b)                                    # 输出为 [2 2]
9.   print(b[1])                                 # 输出为 2
10.  print(a[[0,1,2], [0,1,0]])                  # 输出为 [1 4 5],也就是 [a[0, 0], a[0, 1],a[2,0]]
```

运行结果如图 17-5 所示。

```
1
4
[1, 4]
[2 2]
2
[1 4 5]
```

图 17-5 运行结果

教学视频

17.6 数据模式

在 NumPy 预定数组的数据类型时,NumPy 会根据数组数据,自动挑选合适的数据类型,也可以通过 dtype 来指定特定的数据类型。

【实例 125】 06-Datatype.py

```
1.   import numpy as np                          # 导入 NumPy 函数库,并指定名称为 np
2.   x = np.array([1, 2])                        # NumPy 自动设置数据类型
3.   print(x.dtype)                              # 输出 "int64"
4.   x = np.array([1.0, 2.0])                    # NumPy 自动设置数据类型
5.   print(x.dtype)                              # 输出 "float64"
6.   x = np.array([1, 2], dtype = np.int64)      # 设置为 int64 数据类型
7.   print(x.dtype)                              # 输出 "int64"
```

运行结果如图 17-6 所示。

```
int64
float64
int64
```

图 17-6   运行结果

NumPy 的数据类型如表 17-1 所示。

表 17-1   NumPy 的数据类型

数 据 类 型	说　　　明
bool	存储为字节的布尔值(True 或 False)
int	默认整数类型(与 C long 相同;通常为 int64 或 int32)
intc	与 C int 相同(通常为 int32 或 int64)
intp	用于索引的整数(与 C ssize_t 相同;通常为 int32 或 int64)
int8	字符(−128~127)
int16	整数(−32 768~32 767)
int32	整数(−2 147 483 648~2 147 483 647)
int64	整数(−9 223 372 036 854 775 808~9 223 372 036 854 775 807)
uint8	无符号整数(0~255)
uint16	无符号整数(0~65 535)
uint32	无符号整数(0~4 294 967 295)
uint64	无符号整数(0~18 446 744 073 709 551 615)
float	float64 的简写
float16	半精度浮点数:符号位,5 位指数,10 位尾数
float32	单精度浮点数:符号位,8 位指数,23 位尾数
float64	双精度浮点数:符号位,11 位指数,52 位尾数
complex	复数 128 的简写
complex64	复数,由两个 32 位浮点数(实部和虚部)表示
complex128	复数,由两个 64 位浮点数(实部和虚部)表示

教学视频

17.7　利用数组进行数据计算处理

本节通过 NumPy 可以很轻松地做到数组的计算,如线性代数中的加、减、乘、除、平方等运算,甚至较复杂的矩阵相乘,也可以通过 dot()函数来完成。

【**实例126**】 numpy9.py

```
1.  import numpy as np                                    # 导入 NumPy 函数库,并指定名称为 np
2.  x = np.array([[1,2],[3,4]], dtype = np.float64)      # 预定义二维矩阵数据
3.  y = np.array([[5,6],[7,8]], dtype = np.float64)      # 预定义二维矩阵数据
4.  # 加法
5.  print(x + y)                                          # 输出 [[ 6.0  8.0] [10.0 12.0]]
6.  print(np.add(x, y))                                   # 输出 [[ 6.0  8.0] [10.0 12.0]]
7.  print(x + 10)                                         # 输出 [[11. 12. ] [13. 14. ]]
8.  # 减法
9.  print(x - y)                                          # 输出 [[ -4.0 - 4.0] [ -4.0 - 4.0]]
10. print(np.subtract(x, y))                              # 输出 [[ -4.0 - 4.0] [ -4.0 - 4.0]]
11. print(x - [1,2])                                      # 输出 [[0. 0. ]  [2. 2. ]]
12. # 乘法
13. print(x * y)
14. print(np.multiply(x, y))                              # 输出 [[ 5.0 12.0][21.0 32.0]]
15. # 除法
16. print(x / y)
17. print(np.divide(x, y))                                # 输出 [[ 0.2  0.33333333] [ 0.42857143   0.5]]
18. # 平方
19. print(x * * 2)
20. print(np.sqrt(x))                                     # 输出 [[ 1. 1.41421356] [ 1.73205081   2.]]
21. # 矩阵乘法,两个数组的点积
22. print(x.dot(y))   # 计算 [[1 * 5 + 2 * 7 = 19    1 * 6 + 2 * 8 = 22] [ 3 * 5 + 4 * 7 = 43     3 * 6
    + 4 * 8 = 50]]
23. print(np.dot(x, y))                                   # 输出 [[19. 22. ] [43. 50. ]]
```

运行结果如图 17-7 所示。

```
[[ 6.  8.]
 [10. 12.]]
[[ 6.  8.]
 [10. 12.]]
[[11. 12.]
 [13. 14.]]
[[-4. -4.]
 [-4. -4.]]
[[-4. -4.]
 [-4. -4.]]
[[0. 0.]
 [2. 2.]]
[[ 5. 12.]
 [21. 32.]]
[[ 5. 12.]
 [21. 32.]]
[[0.2        0.33333333]
 [0.42857143 0.5       ]]
[[0.2        0.33333333]
 [0.42857143 0.5       ]]
[[ 1.  4.]
 [ 9. 16.]]
[[1.         1.41421356]
 [1.73205081 2.        ]]
[[19. 22.]
 [43. 50.]]
[[19. 22.]
 [43. 50.]]
```

图 17-7 运行结果

教学视频

17.8 统计

NumPy 提供的与统计有关的计算函数如下：

- sum,总和；
- max,最大；
- min,最小；
- cumsum,累加；
- mean,平均值；
- average,加权平均值；
- median,中间值；
- std,标准偏差；
- var,方差。

NumPy 提供了近 200 种数学函数,如图 17-8 所示,函数名称可以参考 https://docs. scipy. org/doc/numpy/reference/routines. math. html。

【实例 127】 08-statistics. py

```
1.  import numpy as np                          # 导入 NumPy 函数库,并指定名称为 np
2.  x = np.array([[ -1,2,3],[13,14,15]])        # 预定义二维矩阵数据
3.  print(x)                                     # 输出 [[ -1  2  3] [13 14 15]]
4.  print(np.sum(x))                             # 输出 46,全部累加
5.  print(np.sum(x, axis = 0))                   # 输出 "[12 16 18]" = ( -1 + 13),(2 + 14),(3 + 15)
6.  print(np.sum(x, axis = 1))                   # 输出 "[ 4 42]" = ( -1 + 2 + 3),(13 + 14 + 15)
7.  print(np.max(x))                             # 最大值,输出 15
8.  print(np.min(x))                             # 最小值,输出 -1
9.  print(np.cumsum(x))                          # 累加 [ -1  1  4 17 31 46]
10. print(np.average(x))                         # 加权平均值,输出 7.666
11.                                              # 平均 mean = sum(x)/len(x)
12. print(np.mean(x))                            # 输出 7.666
13.                                              # 中间值
14. print(np.median(x))                          # 输出 8.0
15.                                              # 标准偏差 std = sqrt(mean(abs(x - x.mean()) ** 2))
16. print(np.std(x))                             # 输出 6.472
17.                                              # 方差 var = mean(abs(x - x.mean()) ** 2)
18. print(np.var(x))                             # 输出 41.888
19. print(x.T)                                   # 颠倒,输出为 [[ -1 13] [ 2 14] [ 3 15]]
```

https://docs.scipy.org/doc/numpy/reference/routines.math.html

Mathematical functions

Trigonometric functions

sin(x, /[, out, where, casting, order, ...])	Trigonometric sine, element-wise.
cos(x, /[, out, where, casting, order, ...])	Cosine element-wise.
tan(x, /[, out, where, casting, order, ...])	Compute tangent element-wise.
arcsin(x, /[, out, where, casting, order, ...])	Inverse sine, element-wise.
arccos(x, /[, out, where, casting, order, ...])	Trigonometric inverse cosine, element-wise.
arctan(x, /[, out, where, casting, order, ...])	Trigonometric inverse tangent, element-wise.
hypot(x1, x2, /[, out, where, casting, ...])	Given the "legs" of a right triangle, return its hypotenuse.
arctan2(x1, x2, /[, out, where, casting, ...])	Element-wise arc tangent of `x1/x2` choosing the quadrant correctly.
degrees(x, /[, out, where, casting, order, ...])	Convert angles from radians to degrees.
radians(x, /[, out, where, casting, order, ...])	Convert angles from degrees to radians.
unwrap(p[, discont, axis])	Unwrap by changing deltas between values to 2*pi complement.
deg2rad(x, /[, out, where, casting, order, ...])	Convert angles from degrees to radians.
rad2deg(x, /[, out, where, casting, order, ...])	Convert angles from radians to degrees.

Hyperbolic functions

sinh(x, /[, out, where, casting, order, ...])	Hyperbolic sine, element-wise.
cosh(x, /[, out, where, casting, order, ...])	Hyperbolic cosine, element-wise.
tanh(x, /[, out, where, casting, order, ...])	Compute hyperbolic tangent element-wise.
arcsinh(x, /[, out, where, casting, order, ...])	Inverse hyperbolic sine element-wise.
arccosh(x, /[, out, where, casting, order, ...])	Inverse hyperbolic cosine, element-wise.
arctanh(x, /[, out, where, casting, order, ...])	Inverse hyperbolic tangent element-wise.

Rounding

around(a[, decimals, out])	Evenly round to the given number of decimals.
round_(a[, decimals, out])	Round an array to the given number of decimals.
rint(x, /[, out, where, casting, order, ...])	Round elements of the array to the nearest integer.
fix(x[, out])	Round to nearest integer towards zero.
floor(x, /[, out, where, casting, order, ...])	Return the floor of the input, element-wise.
ceil(x, /[, out, where, casting, order, ...])	Return the ceiling of the input, element-wise.
trunc(x, /[, out, where, casting, order, ...])	Return the truncated value of the input, element-wise.

图 17-8　NumPy 上有近 200 种数学函数

运行结果如图 17-9 所示。

```
[[-1  2  3]
 [13 14 15]]
46
[12 16 18]
[ 4 42]
15
-1
[-1  1  4 17 31 46]
7.666666666666667
7.666666666666667
8.0
6.472162612982533
41.88888888888889
[[-1 13]
 [ 2 14]
 [ 3 15]]
```

图 17-9　运行结果　　　　　　　　教学视频

17.9　逻辑判断

通过逻辑判断,可以在一组矩阵中依照逻辑的判断,选取想要的答案。

【实例128】　09-if.py

```
1.   import numpy as np                       # 导入 NumPy 函数库,并指定名称为 np
2.   a = np.array([[1,2,3,4], [5,6,7,8], [9,10,11,12]])
3.   bool_idx =  ((a % 2) == 0)               # 判断为偶数的数据
4.   print(bool_idx)                          # 输出
5.                                            # [[False  True   False  True]
6.                                            #  [False  True False  True]
7.                                            #  [False  True False  True]]
8.   print(a[bool_idx])                       # 输出为 [ 2  4  6  8 10 12]
9.   print(a[a > 10])                         # 输出为 [11 12]
10.  print(a[a % 2 == 1] * 10)                # 输出为 [ 10  30  50  70  90 110]
```

运行结果如图 17-10 所示。

```
[[False  True False  True]
 [False  True False  True]
 [False  True False  True]]
[ 2  4  6  8 10 12]
[11 12]
[ 10  30  50  70  90 110]
```

图 17-10　运行结果　　　　　　　　教学视频

17.10　不同尺寸的矩阵相加

在实际的 NumPy 下做矩阵数据的加、减、乘、除时,会遇到矩阵尺寸不一样的情况,那该怎么处理呢? 本节实例提供了三种方法,将不同尺寸的矩阵相加。以运行结果来看,这三种方法求出来的结果一模一样。

方法一：一条一条地通过循环的方法处理。

方法二：使用 tile()将小的矩阵依照比例放大。

方法三：交给 NumPy 自动处理。

【实例 129】　10-tile.py

```
1.   import numpy as np                       # 导入 NumPy 函数库作为 np
2.   #方法1
3.   x = np.array([[1,2,3], [4,5,6]])
4.   v = np.array([1, 0, 1])                  # v 为 [1,0,1]
5.   y = np.empty_like(x)                     # y 为 [[0,0,0], [0,0,0]]
6.   for i in range(2):                       # 一行一行相加
7.       y[i, :] = x[i, :] + v
8.   print(y)                                 # 输出 [[2 2 4][5 5 7]]
9.
10.  #方法2
11.  v2 = np.tile(v, (2, 1))                  # 扩展 2 倍
12.  print(v2)                                # 输出 [[1 0 1][1 0 1]]
13.  print(x + v2)                            # 输出 [[2 2 4] [5 5 7]]
14.
15.  #方法3
16.  print(x + v)                             # 输出 [[2 2 4] [5 5 7]]
```

运行结果如图 17-11 所示。

```
[[2 2 4]
 [5 5 7]]
[[1 0 1]
 [1 0 1]]
[[2 2 4]
 [5 5 7]]
[[2 2 4]
 [5 5 7]]
```

图 17-11　运行结果

教学视频

第 18 章

CHAPTER 18

使用 pyinstaller 生成运行文件

18.1 pyinstaller 功能介绍和安装

pyinstaller 是一个非常棒的工具，主要目的就是让 Python 的应用程序可以转换成运行文件，而且这个工具在不同的操作系统上使用，就可以转换成该系统的运行文件。所以，开发者的 Python 程序分别在 Windows、Mac 和 Linux 上使用本章所介绍的方法和步骤，就能够转换成不同操作系统使用的系统调用运行文件。这个工具还可以将相关的第三方函数库运行时所需要的文件放到同一个安装包之中，这样就能避免在分发程序时还要通过 pip 安装一大堆的函数库和 Python 主程序。将一个程序转换成不同操作系统的运行程序，完成跨平台的功能，这可是其他的计算机程序语言所没有的。

pyinstaller 函数库需要通过以下的程序安装函数库，才能在 Python 上使用，如图 18-1所示。

```
$ pip install pyinstaller
```

```
C:\Users\powen\Desktop>pip install pyinstaller
Collecting pyinstaller
  Downloading https://files.pythonhosted.org/packages/03/32/0e0de593f129bf1d1e77eed562496
yInstaller-3.4.tar.gz (3.5MB)
    100% |                                                              | 3.5MB 390kB/s
  Installing build dependencies ... done
```

图 18-1 安装 pyinstaller

18.2 pyinstaller 安装步骤

为了练习，在此编写一个最简单的应用程序。

mypython.py 内容如下：

```
1. print("powenko")
2. print("I love python")
```

运行结果如图 18-2 所示。

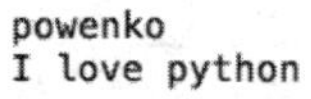

```
powenko
I love python
```

图 18-2　运行结果

18.2.1　Windows 操作系统下生成运行文件

在 Windows 操作系统下通过以下的步骤，将 Python 的程序包装成.exe 的文件。

（1）先将 mypython.py 程序复制到桌面上。

（2）打开 Windows 的程序命令集 cmd 或 Mac/Linux 的 Terminal。

（3）运行以下的指令，将 Windows 的程序命令集 cmd 或 Mac/Linux 的 Terminal 的工作路径移动到桌面，并运行一下 mypython.py 做个测试，如图 18-3 所示。

```
cd Desktop
python mypython.py
```

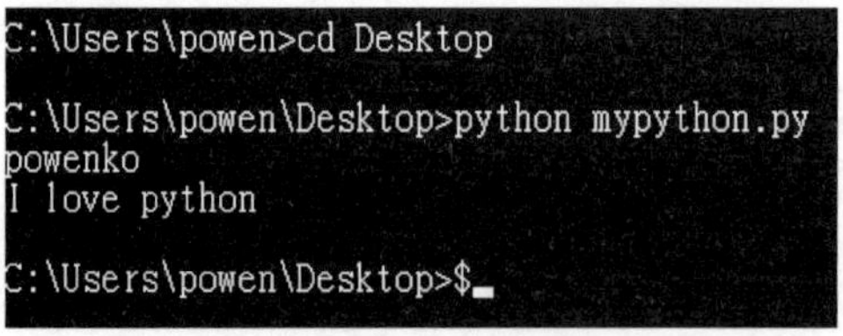

图 18-3　打开 cmd 并运行

（4）如图 18-4 所示，运行以下的指令，包装程序。

```
pyinstaller mypython.py
```

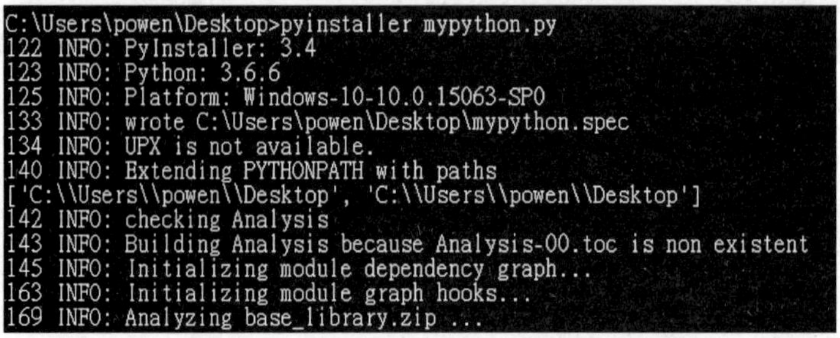

图 18-4　运行 pyinstaller mypython.py

　　完成之后就会创建一个新的 dist 路径,在这个路径之下会看到 mypython 文件夹,这就是安装程序做好的安装包,只要把这个文件夹分享给其他人,就可以直接使用里面的运行文件 mypython. exe。

　　运行这个程序所需要的相关链接文件(dll)和相关文件都在这里面,需要提醒的是,如果你的程序需要读入图片或者是文件,也要把相关的文件复制一份放在 mypython 文件夹中。

　　运行结果如图 18-5 所示。

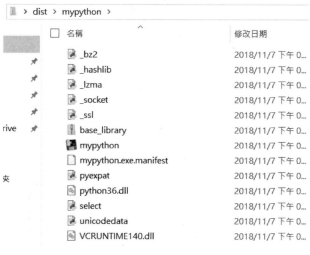

图 18-5　运行结果

教学视频

18.2.2　Mac 和 Linux 操作系统下生成运行文件

　　和 Windows 的作业方法几乎一样,但是需要在 Mac 或 Linux 的操作系统中才可以包装成 Mac 或 Linux 系统的安装包。

　　(1) 先将 mypython. py 文件,复制到桌面上。

　　(2) 在 Mac/Linux 的环境中,打开 Terminal 软件。

　　(3) 将工作路径移动到桌面,并运行一下 mypython. py 做个测试。

```
cd ~/Desktop
python mypython.py
```

（4）运行以下的指令，包装程序。

```
pyinstaller mypython.py
```

教学视频

第 19 章

CHAPTER 19

机器学习算法
——Regression 回归分析

19.1 数据准备

在进行机器学习相关算法之前,需要先了解机器学习数据分析的原理,并且需要准备数据,而用于机器学习的数据,最重要的是需要注意其数据是否为因果关系,且留意因和果的变化一定要有彼此的联动关系。

第一步:数据内容一定要有以下两种值域的因果数据。

- 特征(Feature):因,在统计学称为自变量(Independent Variable)。
- 标签答案(Label):果,在统计学称为因变量(Dependent Variable)。

比如,天气的温度和湿度值(因,Feature),是否下雨(果,Label),收集大量的数据后就被称为数据集 Dataset,其数据量最少 100 个以上。若能有数百万或千万的数据量,所求出的结果会更好。

若想利用算法进行分析,要准备两个这样的数据集,这两个数据集的值域格式都要一模一样,并且需要人工审查其内容的正确性。

第二步:数据集。

- 训练用数据集(Training Dataset):通过特定的算法来找出 Feature 和 Label 之间的关系。
- 测试用数据集(Testing Dataset):测试用,用来验证刚刚用运算法和训练用数据集所找出的答案,通过测试用数据集来验证答案是否正确,并求出结果的正确率为多少。

而训练和测试用的数据集内容几乎一样,差别就在条数多寡,通常的比例是 80:20。

收集后的数据会推荐依照数据内容的分布形式,来挑选合适的算法。机器学习大数据分析中最重要的就是数据的搜集,如果收集的数据是错误的,不管用什么样的算法都找不到答案。并且一定要详细了解其数据分布的样子和内容,才能挑选出好的机器学习算法。

举一个实际的案例:预测你家附近今天是否会下雨。只要把过去同一个地点的湿度(特征 Features)和是否下雨(标签答案 Label)的数据记录下来,并用人工的方法一条一条地确认是否正确。收集到 100 条后,分给训练用数据集 Training Dataset 80 条,剩下的 20 条给测试用数据集 Testing Dataset,这样就完成了大数据的数据收集。接下来就能通过算法来分析,依照训练用数据集找出的答案,然后用该答案来验证测试用数据集的答案的正确率。

如果满意这样的正确率,以后就能依照训练用数据集找出的答案,来预测是未来否会下雨。

19.2 机器学习的数据准备

在机器学习之中,必须事先收集正确的数据并提供答案,再举个例子来说问题:如何区分柠檬和橙子(图 19-1)。

图 19-1 如何区分柠檬和橙子

(1) Feature 特征值。

我们可以测量它的相关信息(专业用词是 Feature 特征值),如颜色、甜度、酸度、体积、重量、长度、宽度等。

- 但会发现体积和重量应该不是好的特征值,因为两者太过相近。
- 甜度和酸度虽然可以找出区别,但会破坏商品和成品的完整性。
- 可以用长度、宽度、外形是否为趋近于圆形。
- 颜色来区分:柠檬偏黄色或绿色,而橙子偏橘色。

所以特征值的挑选,就会影响到结果。

(2) Label 标签,就是柠檬和橙子,通常都会用一个数字来代表,如 1 为橙子,2 为柠檬。

以实际的图表方法来看,就是把柠檬和橙子的长度、宽度用图表的方法画出来,就会看到这些特征值的位置区分,而我们要做的就是画出图 19-2 中蓝线的位置,所用的方法叫作算法。当然,要尽可能让所有的数据可以通过这一条蓝线做区分。画得好坏叫作机器学习(Machine Learning)的过程,改善准确率的方法叫数据挖掘(Data Mining)。完成之后,就能用这一条蓝线当成判断点,用来作为未来新水果的判断,也就是 Regression 回归分析。

运行结果如图 19-2 所示。

(3) Training 训练和 Testing 测试。

继续以刚刚的柠檬和橙子为例,其实它们都是先用内容一模一样的数据,通常都是用同一个文件,然后随机挑选按照 7∶3 的比例来做 Training 训练和 Testing 测试的数据,如图 19-3 所示。

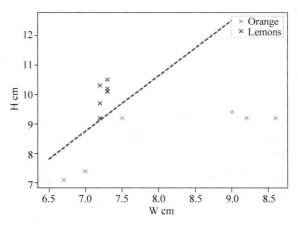

图 19-2　柠檬和橙子的长度、宽度关系图以及程序运行结果（见彩插）

	A	B	C
1	1	9	9.4
2	1	9.2	9.2
3	1	9.6	9.2
4	1	7.5	9.2
5	1	6.7	7.1
6	1	7	7.4
7	1	7.1	7.5
8	1	7.8	8
9	1	7.2	7
10	1	7.5	8.1
11	1	7.6	7.8
12	1	7.1	7.9
13	1	7.1	7.6
14	1	7.3	7.3
15	1	7.2	7.8
16	1	6.8	7.4
17	1	7.1	7.5
18	1	7.6	8.2
19	1	7.2	7.2
20	2	7.2	10.3
21	2	7.3	10.5
22	2	7.2	9.2
23	2	7.3	10.2
24	2	7.3	9.7
25	2	7.3	10.1
26	2	5.8	8.7
27	2	6	8.2
28	2	6	7.5
29	2	5.9	8
30	2	6	8.4
31	2	6.1	8.5
32	2	6.3	7.7
33	2	5.9	8.1
34	2	6.5	8.5
35	2	6.1	8.1

图 19-3　柠檬与橙子长度和宽度的训练及测试数据

- A 栏是种类,1 是橙子,2 是柠檬;
- B 栏是宽度 width;
- C 栏是长度 height。

【实例 130】 plot01.py

```
1.  import matplotlib.pyplot as plt                                    # 绘图函数库
2.  #绘制(黄)色 x 标记
3.  plt.plot([9,9.2,9.6,7.5,6.7,7], [9.4,9.2,9.2,9.2,7.1,7.4], 'yx')
4.  #绘制(绿)色 x 标记
5.  plt.plot([7.2,7.3,7.2,7.3,7.2,7.3,7.3], [10.3,10.5,9.2,10.2,9.7,10.1,10.1], 'gx')
6.  plt.plot([6.5,9.0], [7.8,12.5], 'b--')                             # 绘制黑色虚线
7.  plt.ylabel('H cm')                                                 # Y 坐标文字标签
8.  plt.xlabel('W cm')                                                 # X 坐标文字标签
9.  plt.legend(('Orange','Lemons'),loc = 'upper right')                # 显示图例
10. plt.show()                                                         # 画图
```

教学视频

19.3 回归分析数学介绍

回归分析(Regression Analysis)是一种统计学上解析数据的方法,目的在于了解两个或多个变量之间是否相关,并创建数学模型以便观察特定变量来预测研究者感兴趣的变量。更具体地说,回归分析会依照自变量,产生另外因变量。

回归分析根据自变量的数量,可分为以下两种:

(1) 简单回归分析:用一个自变量来解释一个因变量回归分析。

(2) 复回归分析:用两个或两个以上的自变量来解释一个因变量的回归分析。

回归模型亦可视其函数的模式区分为线性与非线性两种。

- $Y = a + bX$ 为线性模式。
- $Y = a + X^b$ 则为非线性模式。

给一个随机样本 $(Y_i, X_{i1}, X_{i2}, \cdots, X_{ip})$,$i = 1, 2, \cdots, n$,为一个线性回归模型,假设回归值 Y_i 和回归因子 $X_{i1}, X_{i2}, \cdots, X_{ip}$ 之间的关系是除了 X 的影响以外还有其他的变量存在。我们加入一个误差项 ε_i(也是一个随机变量)来获取除了 $X_{i1}, X_{i2}, \cdots, X_{ip}$ 之外任何对 Y_i 的影响。所以一个多变量线性回归模型表示的形式为:

$$Y_i = \beta_0 + \beta_1 X_{i1} + \beta_2 X_{i2} + \cdots + \beta_p X_{ip} + \varepsilon_i, \quad i = 1, 2, \cdots, n$$

线性回归作为条件预期模型的简单线性回归,用以下形式表示:

$$E(Y_i \mid X_i = x_i) = \boldsymbol{\alpha} + \boldsymbol{\beta} x_i$$

19.4 回归分析绘图

为了了解取得数据和数学公式的关系,将数据通过程序的方法绘制出来是最好的表现方法。为了达到这个目的,首先安装绘图函数库。请通过以下指令安装。

(1) Python 2 中安装。

```
$ pip install matplotlib
```

(2) Python 3 中安装。

```
$ pip3 install matplotlib
```

Matplotlib 是非常好用的 Python 图表绘制函数库。以下的程序是将刚刚求出的答案绘制出来,方便让读者知道彼此之间的关系。

假设手上拥有的大数据中,以油价对民众交通习惯的影响为例子,看到了油价的价格会影响到大众交通工具的乘坐人数。比如油价为活动价格的$[1,2,3,4]$倍数时,大众交通工具的乘坐人数就会有$[0,0.3,0.6,0.9]$的比例增加。首先,把已有的数据通过 Matplotlib 绘制图片的方式显示出来。

【实例 131】 02_plot_dot.py

```
1.    import matplotlib.pyplot as plt              # 绘图函数库
2.    plt.plot([1,2,3,4], [0,0.3,0.6,0.9], 'gx')    # 绘制绿色,x 标记
3.    plt.plot([1,2,3,4], [0,0.3,0.6,0.9], 'r-- ')  # 绘制红色,-- 标记,虚线的趋势线
4.    plt.axis([0, 5, 0, 1])                        # 图表尺寸范围,宽度由 0 到 5,高度由 0 到 1
5.    plt.ylabel('Y')                               # 设置显示 Y 文字
6.    plt.xlabel('X')                               # 设置显示 X 文字
7.    plt.show()                                    # 绘制图表
```

运行结果如图 19-4 所示。

所以当然符合 $Y = 0.3 * X - 0.3$ 表达式的情况。

在实例 131 中,画出一条直线(趋势线),这是如何画出的? 我们使用如下代码:

```
plt.plot([1,2,3,4], [0,0.3,0.6,0.9], 'r-- ')
 # 在[1,0] [2,0.3] [3,0.6] [4,0.9] 四个位置绘制(r)红色虚线 - 标记也就是线
```

当然也可以改成:

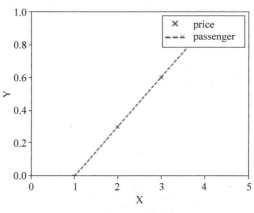

图 19-4   运行结果

```
plt.plot([1,4], [0,0.9], 'r-- ').
#在[1,0]  [4,0.9]两个位置绘制(r)红色虚线 - 标记也就是线
```

这样所画出来的线,也会重叠在一起。

教学视频

19.5   随机数数据

在本节中,将会介绍实际的数据表现模式。正常来说,数据绝对不会乖乖地出现在我们想要的位置,一定会有小额的误差。然而,好的回归分析是要想尽办法让画出来的线平均地落在每一个点的最短路径之中。

通过以下程序就会创建出 30 个连续的数据,每一条数据差为 0.1,也就是说创建出来的数据为 $[1.0,1.1,1.2,\cdots,3.7,3.8,3.9]$。

```
import numpy as np
X  =  1 + np.arange(30)/10
```

接下来要通过随机数来创建出 30 个在这个简单回归附近的数据,也就是常态分位数。

```
delta = np.random.uniform(low = - 0.1,high = 0.1, size = (30,))      # 取随机数
Y = 0.3 ∗ X - 0.3 + delta                                            # 带入公式
```

取随机数：

```
numpy. random. uniform( low = 0. 0, high = 1. 0, size = (30,))
```

其中，low 为最小值，high 为最大值，size 为数量。

【实例 132】 03_plot_dots_not_onTheLine. py

```
1.   import matplotlib. pyplot as plt                                         # 绘图函数库
2.   import numpy as np
3.   plt. plot([1, 2, 3, 4], [0, 0.3, 0.6, 0.9], 'gx')                       # 绿色, x 的点
4.   plt. plot([1, 2, 3, 4], [0, 0.3, 0.6, 0.9], 'r -- ')                    # 红色, -- 虚线
5.   X  =  1 + np. arange(30)/10
6.   delta = np. random. uniform( low = - 0.1, high = 0.1, size = (30,))      # 取随机数
7.   Y = 0.3 * X - 0.3   + delta                                             # 带入公式
8.   plt. plot(y1, y2, 'bo')                                                 # 蓝色的圆点
9.   plt. ylabel('Y')                                                        # Y 坐标文字标签
10.  plt. xlabel('X')                                                        # X 坐标文字标签
11.  plt. show()                                                             # 画图
```

运行结果如图 19-5 所示。

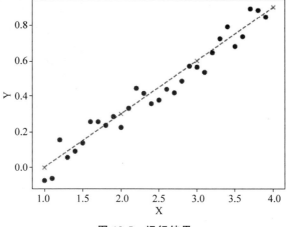

图 19-5 运行结果

教学视频

19.6 残差

好的回归分析结果,取决于利用线性回归计算出趋势线的位置和斜率,以及实际统计数据之间的误差。延续上一个程序,本节将计算实际和误差的差异,也就是预测的线段和实际距离的差异。通过取绝对值的方法,把全部相减出来的距离值相加求得的总残差平方和,接着,除以所有的数量,这就是残差(Residual)。如果这个答案趋近于零,就代表这个回归分析得出的答案非常符合实际的数据。

【实例 133】 05_rsidual.py

```
1.  ...                                              # 导入函数,同实例 132
2.  # 创建随机数
3.  X = 1 + np.arange(30)/10                          # 30 个矩阵 [1,1.1,1.2,1.3,…]
4.  delta = np.random.uniform(low = -0.1,high = 0.1, size = (30,))   # 创建 30 个随机数
5.  Y = 0.3 * X - 0.3   + delta                       # 创建 30 个点
6.  ...                                              # 绘图,同实例 132
7.  # 计算残差
8.  sum1 = 0.0
9.  i = 0
10. for X1 in X:                                      # 取每一个实际值
11.     Y1 = 0.3 * X1 - 0.3
12.     Y2 = 0.3 * X1 - 0.3 + delta[i]
13.     sum1 = sum1 + abs(Y1 - Y2)                    # 计算相差和累计
14.     i = i + 1
15. print("残差", sum1/30)                            # 显示打印残差
```

运行结果:

```
残差 0.0553211448695560496
```

通过这个程序的前半段创建 30 个随机数,后半段通过回归分析的线段来计算每一个点跟这条线之间的距离,然后把之间的全部距离用绝对值相加起来,就是残差。

当然,发现了这个残差并不是数字 0,所以在回归分析中,最重要的就是想办法让这个数字趋近于 0。如此一来,所找出的线段就是最符合所有点的,而该线段就能表现出这些数据的趋势和走向。

教学视频

19.7　使用 scikit-learn 的 linear_model 函数求线性回归

之前的章节中讲述的是自己编写数学公式和函数的方法,通过程序找出简单线性回归,但如果每一个程序都需要这样做就真的很辛苦了,幸运的是 Python 程序语言中的 scikit-learn 是一个相当好用的科学函数库,让对数学不精通者,也能够通过 scikit-learn 里面提供的众多算法找出答案。编程者只要知道在哪种情况下要使用哪一个算法,找出其对应的函数,再把数据带入,就能求出结果,并做出预测。

安装的方法如下:

```
pip install  sklearn
```

同样的,将刚刚的数据通过简单线性回归函数库来找出答案。
只要通过以下的代码,就能使用线性回归。

```
from sklearn import linear_model
body_reg = linear_model.LinearRegression()        ＃ 线性回归
```

带入训练数据。

```
body_reg.fit(x_values, y_values)
```

预测取得预测结果。

```
y_test_predict = body_reg.predict(x_text)
```

具体的使用方法,请看下面的实例。

【实例 134】　05-Regression.py

```
1.   import pandas as pd                              ＃ 导入 pandas 模型
2.   from sklearn import linear_model                 ＃ 导入线性模型
3.   import matplotlib.pyplot as plt                  ＃ 导入绘图
4.   ＃准备训练和测试的数据
5.   x_values = pd.DataFrame([0,1,2])                 ＃ 特征 Features
6.   y_values = pd.DataFrame([0,0.3,0.6]).            ＃ 标签答案 Label
7.   x_test = pd.DataFrame([-1,3,5])                  ＃ 测试用的特征 Features
8.
9.   body_reg = linear_model.LinearRegression()       ＃ 指定线性回归
10.  body_reg.fit(x_values, y_values)                 ＃ 训练
11.
12.  y_test_predict = body_reg.predict(x_text)        ＃ 预测
13.  print(" body_reg.predict(x_test)",y_test_predict) ＃ 打印
```

```
14.
15. ♯ 显示图形
16. plt.scatter(x_values, y_values)                    ♯ 画出原本的数据
17. plt.scatter(x_test, y_test_predict, color = 'red')  ♯ 画出预测的数据
18. plt.plot(x_test,y_test_predict, color = 'blue')      ♯画出预测的线
```

运行结果如图 19-6 所示。

```
body_reg.predict(x_text)[[ - 0.3]
[0.9]
[1.5]]
```

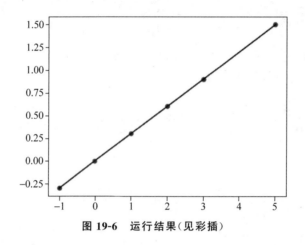

图 19-6   运行结果(见彩插)

在这个程序中可以看到,只要把要预测的数据带入 body_reg.fit(x_values,y_values),经过训练,就能通过 body_reg.predict(x_text) 找到所预测出的答案。所以在程序最后,通过图形的方法把训练、预测、回归分析线段显示出来,会发现预测的答案同样在这一条线段上,这也就是最佳的回归分析的答案和情况。

教学视频

19.8   实战案例——动物大脑和身体的关系

本节将使用真正的医学数据来做回归统计。这次的数据中,包含记录动物的体重和它大脑的重量,将通过以下的程序,统计出自然界动物的体重和大脑之间的关系。

【实例 135】　06_BrainBody.py

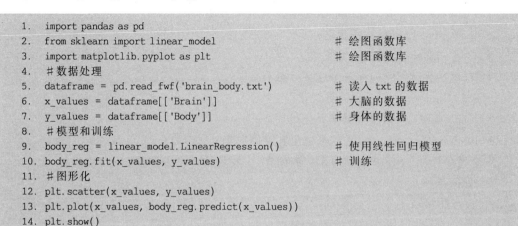

```
1.  import pandas as pd
2.  from sklearn import linear_model                    ♯ 绘图函数库
3.  import matplotlib.pyplot as plt                      ♯ 绘图函数库
4.  ♯数据处理
5.  dataframe = pd.read_fwf('brain_body.txt')            ♯ 读入 txt 的数据
6.  x_values = dataframe[['Brain']]                      ♯ 大脑的数据
7.  y_values = dataframe[['Body']]                       ♯ 身体的数据
8.  ♯模型和训练
9.  body_reg = linear_model.LinearRegression()           ♯ 使用线性回归模型
10. body_reg.fit(x_values, y_values)                     ♯ 训练
11. ♯图形化
12. plt.scatter(x_values, y_values)
13. plt.plot(x_values, body_reg.predict(x_values))
14. plt.show()
```

运行结果如图 19-7 所示。

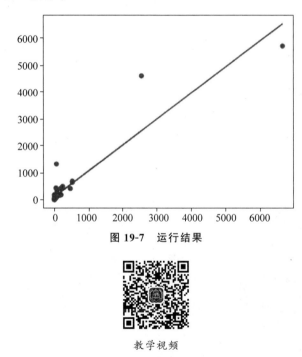

图 19-7　运行结果

教学视频

19.9　实战案例——糖尿病数据集

本节将用在糖尿病上的医学研究数据来探讨回归分析。这个糖尿病数据来源为 scikit-learn 函数库,其中还附带一些开发练习时的数据集,以及很多有趣的训练数据,请看以下的

列表。

- load_boston：波士顿房价数据集。
- load_iris：鸢尾花数据集。
- load_diabetes：糖尿病数据集。
- load_digits：手写 OCR 数字图片数据集。
- load_linnerud：linnerud 数据集。
- load_wine：葡萄酒数据集。
- load_breast_cancer：威斯康星州乳腺癌据集。

本节将会使用 scikit-learn 糖尿病数据集，主要包括 442 条数据、10 个属性值，分别是：

- Age(年龄)。
- Sex(性别)。
- Body mass index(体质指数 BMI)。
- Average Blood Pressure(平均血压)。
- S1 到 S6 血液中各种疾病级数指针的 6 个属性值。

而结果的部分为：

- Target 为一年后患疾病的指针数。

19.9.1 绘制出数据

首先,通过以下的程序将数据下载取得糖尿病数据,并通过图形化的方法,了解这个糖尿病数据的样貌。

【实例 136】 07-diabets.py

```
1.  import matplotlib.pyplot as plt          # 绘图函数库
2.  import numpy as np.                       # 矩阵函数库
3.  from sklearn import datasets, linear_model  # 线性回归函数库
4.  #取得糖尿病的数据
5.  diabetes = datasets.load_diabetes()       # 取得糖尿病的数据
6.
7.  diabetes_X = diabetes.data[:, np.newaxis, 2]  # 只取第三个特征值 BMI
8.  #切分特征值 BMI
9.  diabetes_X_train = diabetes_X[:-20]        # 切割 0 到最后 20 条数据之前的特征给训练用
10. diabetes_X_test = diabetes_X[-20:]         # 切割最后 20 条数据特征给训练用
11. #切分答案
12. diabetes_y_train = diabetes.target[:-20]   # 切割 0 到最后 20 条数据之前的答案给训练用
13. diabetes_y_test = diabetes.target[-20:]    # 切割最后 20 条数据答案给训练用
14. #绘图
15. plt.scatter(diabetes_X_test, diabetes_y_test, color = 'black')  # 画出黑点
16. plt.show()                                 # 显示绘图
```

运行结果如图 19-8 所示。

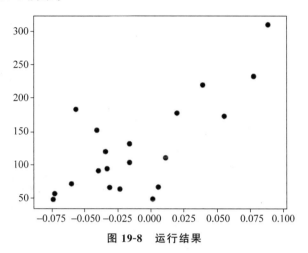

图 19-8　运行结果

请留意这里的 X 轴数据只用第三个 Feature 特征值 Body Mass Index（体质指数 BMI），而 Y 轴数据是 Target 也就是之后发生糖尿病的概率。

教学视频

19.9.2　将数据存到 Excel 文件

这个糖尿病数据的特征值只有 10 种，为了了解实际数据的范围，本节将通过 pandas 函数库把所取得的数值存储在 Excel 表中，以方便观看这个医学数据的内容。

【实例 137】　06-RegressionDiabetesLoad. py

```
1.  import matplotlib.pyplot as plt                                  ＃ 绘图函数库
2.  import numpy as np                                               ＃ 矩阵函数库
3.  from sklearn import datasets, linear_model                       ＃ 线性回归函数库
4.  ＃取得糖尿病的数据
5.  diabetes = datasets.load_diabetes()
6.  print("diabetes.data.shape = ",diabetes.data.shape)             ＃ 输出 (442, 10)
7.  print("dir(diabetes)",dir(diabetes))                            ＃ 输出 ['DESCR', 'data'...]
8.  print("diabetes.target.shape = ",diabetes.target.shape)        ＃ 输出 (442,)
9.  try:
10.   print("diabetes.feature_names = ",diabetes.feature_names)     ＃ 特征值名称
11. except:
```

```
12.    print("No diabetes. feature_names = ")
13. import xlsxwriter                                              # Excel 函数库
14. import pandas as pd                                            # pandas 函数库
15. #转换数据模式
16. try:
17.    df = pd.DataFrame(diabetes.data, columns = diabetes.feature_names)
18. except:
19.    df = pd.DataFrame(diabetes.data, columns = ['age', 'sex', 'bmi', 'bp', 's1', 's2', 's3',
's4', 's5', 's6'])
20. print(df.head())                                               # 显示前 5 条数据
21.
22. df.to_csv("diabetes.csv", sep = '\t')                          # 存储到 CSV
23.
24. writer = pd.ExcelWriter('diabetes.xlsx', engine = 'xlsxwriter')   # 存储到 Excel
25. df.to_excel(writer, sheet_name = 'Sheet1')
26. writer.save()
27.
```

运行结果如图 19-9 所示。

A	B age	C sex	D bmi	E bp	F s1	G s2	H s3	s4	J s5	K s6
0	0.038076	0.05068	0.061696	0.021872	-0.04422	-0.03482	-0.0434	-0.00259	0.019908	-0.01765
1	-0.00188	-0.04464	-0.05147	-0.02633	-0.00845	-0.01916	0.074412	-0.03949	-0.06833	-0.0922
2	0.085299	0.05068	0.044451	-0.00567	-0.0456	-0.03419	-0.03236	-0.00259	0.002864	-0.02593
3	-0.08906	-0.04464	-0.0116	-0.03666	0.012191	0.024991	-0.03604	0.034309	0.022692	-0.00936
4	0.005383	-0.04464	-0.03638	0.021872	0.003935	0.015596	0.008142	-0.00259	-0.03199	-0.04664
5	-0.0927	-0.04464	-0.0407	-0.01944	-0.06899	-0.07929	0.041277	-0.07639	-0.04118	-0.09635
6	-0.04547	0.05068	-0.04716	-0.016	-0.0401	-0.0248	0.000779	-0.03949	-0.06291	-0.03836
7	0.063504	0.05068	-0.00189	0.06663	0.09062	0.108914	0.022869	0.017703	-0.03582	0.003064
8	0.041708	0.05068	0.061696	-0.0401	-0.01395	0.006202	-0.02867	-0.00259	-0.01496	0.011349
9	-0.0709	-0.04464	0.039062	-0.03321	-0.01258	-0.03451	-0.02499	-0.00259	0.067736	-0.0135
10	-0.09633	-0.04464	-0.08381	0.008101	-0.10339	-0.09056	-0.01395	-0.07639	-0.06291	-0.03421
11	0.027178	0.05068	0.017506	-0.03321	-0.00707	0.045972	-0.06549	0.07121	-0.09643	-0.05907
12	0.016281	-0.04464	-0.02884	0.008101	-0.00432	-0.00977	0.044958	-0.03949	-0.03075	-0.0425
13	0.005383	0.05068	-0.00189	0.008101	-0.00432	-0.01572	-0.0029	-0.00259	0.038393	-0.0135
14	0.045341	-0.04464	-0.02561	-0.01256	0.017694	-6.1E-05	0.081775	-0.03949	-0.03199	-0.07564
15	-0.05274	0.05068	-0.01806	0.080401	0.089244	0.107662	-0.03972	0.108111	0.036056	-0.0425
16	-0.00551	-0.04464	0.042296	0.049415	0.024574	-0.02386	0.074412	-0.03949	0.05228	0.027917
17	0.070769	0.05068	0.012117	0.056301	0.034206	0.049416	-0.03972	0.034309	0.027368	-0.00108
18	-0.03821	-0.04464	-0.01052	-0.03666	-0.03734	-0.01948	-0.02867	-0.00259	-0.01812	-0.01765

图 19-9   将运行结果存储到 Excel

教学视频

19.9.3 使用回归分析找出 BMI 与糖尿病的关系

本节将通过线性回归性的方法,找出 BMI 与糖尿病间的关联性,并预测出相关的结果。

【实例 138】 09-LinearRegression-diabetes. py

```
1.  import matplotlib.pyplot as plt                         # 绘图函数库
2.  import numpy as np                                      # 矩阵函数库
3.  from sklearn import datasets, linear_model             # 线性回归函数库
4.  # 取得糖尿病的数据
5.  diabetes = datasets.load_diabetes()                    # 取得糖尿病的数据
6.  # 取特征值 BMI
7.  diabetes_X = diabetes.data[:, np.newaxis, 2]           # 只取第三个特征值 BMI
8.  # 切分特征值 BMI
9.  diabetes_X_train = diabetes_X[:-20]        # 切割 0 到最后 20 条数据之前的特征给训练用
10. diabetes_X_test = diabetes_X[-20:]                     # 切割最后 20 条数据特征给训练用
11. # 切分答案
12. diabetes_y_train = diabetes.target[:-20] # 切割 0 到最后 20 条数据之前的特征给训练用
13. diabetes_y_test = diabetes.target[-20:]               # 切割最后 20 条数据给训练用
14. # 研究计算
15. regr = linear_model.LinearRegression()                # 创建线性回归
16. regr.fit(diabetes_X_train, diabetes_y_train).          # 训练
17. print('Coefficients: \n', regr.coef_)                  # 系数
18. # 均方误差
19. print("Mean squared error: %.2f"
20.       % np.mean((regr.predict(diabetes_X_test) - diabetes_y_test) ** 2))
21.                                                        # 显示方差分数：1 是完美预测
22. print('Variance score: %.2f' % regr.score(diabetes_X_test, diabetes_y_test))
23. # 绘图
24. plt.scatter(diabetes_X_test, diabetes_y_test, color = 'black')   # 画出测试黑点
25. plt.plot(diabetes_X_test, regr.predict(diabetes_X_test), color = 'blue', linewidth = 3)
26.                                                        # 画出测试预测的线性回归答案
27. plt.xticks(())
28. plt.yticks(())
29. plt.show()                                             # 显示
```

运行结果如图 19-10 所示。

```
Coefficients:  [938.23786125]
Mean squared error: 2548.07
Variance score: 0.47
```

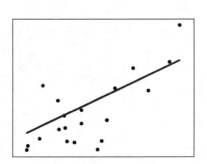

图 19-10   运行结果

教学视频

机器学习算法

——kNN 最近邻居法

20.1　kNN 数学介绍

kNN(k Nearest Neighbor,最近邻居法)又称为 k-近邻算法。此算法是非常重要的分析算法之一,当前被广泛使用中,是用于分类的统计方法,其输出结果是分类。kNN 是所有的机器学习算法中最简单也是使用最广的算法之一。

kNN 的数学原理为通过 k 个距离最近的邻居,并依照这些邻居的分类决定了赋予该对象的类,也就是由其邻居的"多数表决"确定的 k 个最近邻居(k 为正整数,通常较小)。kNN 最近邻居法采用向量空间模型来分类,概念为相同类的案例彼此的相似度高,可以借由计算与已知类案例的相似度,来评估未知类案例可能的分类。

kNN 的缺点是对数据的局部邻居非常敏感。请留意 kNN 与 k-means(k-平均算法)没有任何关系,是两种不同的算法,请勿混淆。

假设有 $(X_1,Y_1),(X_2,Y_2),\cdots,(X_n,Y_n)$,取值 $R^d * 1,2$,其中 Y 是 X 的类标签,因此 $X|Y=r\sim P_r,P_r$ 为概率分布,$r=1,2$。给定一些规范 $\|.\|$ 在 R^d 和 $x\in R^d$,让 $(X_{(1)},Y_{(1)}),(X_{(2)},Y_{(2)}),\cdots,(X_{(n)},Y_{(n)})$,训练数据的重新排序为 $\|X_{(1)}-x\|\leqslant\|X_{(2)}-x\|\leqslant\cdots\leqslant\|X_{(n)}-x\|$。

计算 kNN 彼此之间的距离可以用以下的公式:

$$\text{Similarity}(\boldsymbol{A},\boldsymbol{B})=\frac{\boldsymbol{A}\cdot\boldsymbol{B}}{\|\boldsymbol{A}\|\|\boldsymbol{B}\|}=\frac{\sum_{i=1}^n A_i * B_i}{\sqrt{\sum_{i=1}^n A_i^2}\sqrt{\sum_{i=1}^n B_i^2}}$$

再用橙子和柠檬的例子来看一下 kNN 的算法原理。通过以下的程序,同样也把橙子和柠檬的尺寸放在图表上面。这时候,有一个未知的新的红色物体,一样把该物体的宽度和高度量出来,并且在图表上面用红色的三角形来表示。接下来就可以把 kNN 算法拿出来使用了。首先,需要先设置好 k 的数量,这里用 $k=3$,然后以这个红色的位置来寻找附近最靠近的 3 个水果。通过画出一个灰色的圆形,可以看得出来在这个范围之中的 3 个水果都是柠檬,所以大胆地说,这一个未知的物体就是柠檬。实例 139 先不使用 kNN 算法,只是单纯地把图形显绘制出来。

【实例 139】 01-kNN-Mat.py

```
1.   import matplotlib.pyplot as plt
2.   import numpy as np
3.   plt.plot([9,9.2,9.6,9.2,6.7,7,7.6], [9.0,9.2,9.2,9.2,7.1,7.4,7.5 ], 'yx')  #橙子数据
4.   plt.plot([7.2,7.3,7.2,7.3,7.2,7.3,7.3 ], [10.3,10.5,9.2,10.2,9.7,10.1,10.1 ], 'g.')
                                                                              #柠檬数据
5.   plt.plot([7], [9], 'r^')                              #绘制未知物体
6.   circle1 = plt.Circle((7,9),1.2,color = '#eeeeee')
7.   plt.gcf().gca().add_artist(circle1)                   #绘制未知物体周边范围
8.   plt.axis([6, 11, 6, 11])                              # 图表尺寸
9.   plt.ylabel('H cm')                                    #显示 H cm 文字
10.  plt.xlabel('W cm')                                    #显示 W cm 文字
11.  plt.legend(('Orange','Lemons'),
12.              loc = 'upper right'))                      #显示'Orange'和'Lemons'文字
13.  plt.show()                                            #显示图表
```

运行结果如图 20-1 所示。

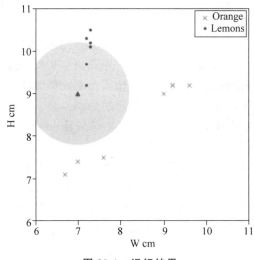

图 20-1　运行结果

算法逻辑：

简单来说,kNN 分类算法就是要找最近的 k 个邻居,这些邻居大多是什么分类,则新数据就是什么样的分类,也就是用物以类聚的观念来找出答案。

教学视频

20.2 使用 sklearn 的 kNN 判断水果种类

在本节中将要使用 kNN 算法,通过收集到的柠檬和橙子的体积、宽度和高度之间的训练数据,当未知的水果测量相关的宽度和高度之后,使用 kNN 的计算法来判别这个位置的水果到底是柠檬还是橙子。

【实例 140】

```
1.  from sklearn.neighbors import KNeighborsClassifier        # 导入 kNN 函数库
2.  X = [[9,9],[9.2,9.2],[9.6,9.2],[9.2,9.2],[6.7,7.1],[7,7.4],[7.6,7.5],
3.      [7.2,10.3], [7.3,10.5], [7.2,9.2], [7.3,10.2], [7.2,9.7], [7.3,10.1], [7.3,10.1]]
4.  y = [1,1,1,1,1,1,1,
5.      2,2,2,2,2,2,2]
6.  neigh = KNeighborsClassifier(n_neighbors = 3)              # 使用 kNN
7.  neigh.fit(X, y)                                            # 训练
8.  print("预测答案 = ",neigh.predict([[7,9]]))                # 预测
9.  print("预测样本距离 = ",neigh.predict_proba([[7,9]]))      # 测试数据 X 的返回概率估计
```

运行结果:

```
预测答案 = [2]
预测样本距离 = [[0. 1.]]
```

所以依照预测的情况,输入的特征 Features 为[7,9],而 proba 计算出来的是概率:0/3＝0％是橙子,3/3＝100％是柠檬,所以 predict 预测的结果为柠檬＝2。

教学视频

20.3 实战案例——鸢尾花的种类判断

本节将用植物数据样例来探讨 kNN 在农业上的研究。这个植物数据来源为 scikit-learn 函数库,其中还附带一些开发练习时的数据集,load_iris 为鸢尾花数据集。

植物学家通过数据分析对每个鸢尾花进行分类,本节将会根据萼片和花瓣的长度和宽度测量来分类鸢尾花,如图 20-2 所示。

花萼是一朵花中所有萼片的总称,位于花的最外层,一般是绿色,样子类似小叶,但也有

图 20-2　鸢尾花的花萼和花瓣

少数花的花萼样子类似花瓣,有颜色。花萼在花还是芽时包围着花,有保护作用。

本节将会使用 load_iris 鸢尾花数据集,这是一个判别花的种类的数据集,主要包括 150 条数据、4 个属性值,分别是:

- Sepal Length cm,花萼长度;
- Sepal Width cm,花萼宽度;
- Petal Length cm,花瓣长度;
- Petal Width cm,花瓣宽度。

结果的部分(Target),鸢尾花目前有 300 多种,但范例的数据库中只有以下 3 种,如图 20-3 所示。

- 柔滑鸢尾花 Iris setosa;
- 弗吉尼亚鸢尾花 Iris virginica;
- 杂色鸢尾花 Iris versicolor。

图 20-3　从左到右,分别是鸢尾花的 **setosa**、**virginica**、**versicolor**(见彩插)

20.3.1　鸢尾花数据下载和保存到 Excel 文件

首先通过以下的程序下载数据,并了解这个鸢尾花数据的样貌。这个鸢尾花数据的特征值只有 4 种,而判别的种类 Target 有 3 种。本节将通过 pandas 函数库把所取得的数值存储在 Excel 表中,以方便观看此鸢尾花数据的内容。

【实例141】　03-Iris.py

```
1.  import numpy as np                                          # 矩阵函数库
2.  from sklearn import datasets                                # 样例数据函数库
3.  from sklearn.neighbors import KNeighborsClassifier          # kNN 函数库
4.
5.  # 取得鸢尾花的数据
6.  iris = datasets.load_diabetes()
7.  print("iris.data.shape = ",iris.data.shape)                 # 输出 (150, 4)
8.  print("dir(iris)",dir(iris))# 输出['DESCR', 'data', 'feature_names', 'target', 'target_
names']
9.  print("iris.target.shape = ",iris.target.shape)
10. try:
11.    print("iris.feature_names = ",iris.feature_names)        # 显示特征值名称
12. except:
13.    print("No iris.feature_names = ")
14. import xlsxwriter                                           # Excel 函数库
15. import pandas as pd                                         # pandas 函数库
16. # 转换数据模式
17. try:
18.    df = pd.DataFrame(iris.data, columns = iris.feature_names)   # 处理特征值
19. except:
20.    df = pd.DataFrame(iris.data, columns = ['sepal length (cm)', 'sepal width (cm)', 'petal
length (cm)', 'petal width (cm)'])
21. df['target'] = iris.target                                  # 处理结果 Target
22.
23. # print(df.head())                                          # 显示前 5 条数据
24. df.to_csv("iris.csv", sep = '\t')                           # 存储到 CSV
25.
26. writer = pd.ExcelWriter('iris.xlsx', engine = 'xlsxwriter') # 存储到 Excel
27. df.to_excel(writer, sheet_name = 'Sheet1')
28. writer.save()
```

运行结果如下：

```
iris.data.shape = (150, 4)
dir(iris) ['DESCR', 'data', 'feature_names', 'target', 'target_names']
Backend TkAgg is interactive backend. Turning interactive mode on.
iris.target.shape = (150,)
iris.feature_names = ['sepal length (cm)', 'sepal width (cm)', 'petal length (cm)', 'petal width
(cm)']
```

运行后鸢尾花的数据会保存在 iris.xlsx，如图 20-4 所示。

	A	B	C	D	E	F
1		sepal length (cm)	sepal width (cm)	petal length (cm)	petal width (cm)	target
2	0	5.1	3.5	1.4	0.2	0
3	1	4.9	3	1.4	0.2	0
4	2	4.7	3.2	1.3	0.2	0
5	3	4.6	3.1	1.5	0.2	0
6	4	5	3.6	1.4	0.2	0
7	5	5.4	3.9	1.7	0.4	0
8	6	4.6	3.4	1.4	0.3	0
9	7	5	3.4	1.5	0.2	0
10	8	4.4	2.9	1.4	0.2	0
11	9	4.9	3.1	1.5	0.1	0
12	10	5.4	3.7	1.5	0.2	0
13	11	4.8	3.4	1.6	0.2	0
14	12	4.8	3	1.4	0.1	0
15	13	4.3	3	1.1	0.1	0
16	14	5.8	4	1.2	0.2	0
17	15	5.7	4.4	1.5	0.4	0
18	16	5.4	3.9	1.3	0.4	0
19	17	5.1	3.5	1.4	0.3	0
20	18	5.7	3.8	1.7	0.3	0

图 20-4 运行结果

教学视频

20.3.2 使用 kNN 判别鸢尾花的种类

将通过 kNN 的方法,训练已知的鸢尾花的种类,找出其关联性,并且预测出未知的鸢尾花,并预测该鸢尾花的种类。

【实例 142】 09-LinearRegression-diabetes.py

```
1.  import matplotlib.pyplot as plt                         # 绘图函数库
2.  import numpy as np                                       # 矩阵函数库
3.  from sklearn import datasets                             # 样例数据函数库
4.  from sklearn.neighbors import KNeighborsClassifier       # kNN 函数库
5.  from sklearn.model_selection import train_test_split     # 切割数据函数库
6.
7.  iris = datasets.load_iris()                              # 取得鸢尾花的数据
8.
9.                                                           # 切割 80% 训练和 20% 的测试数据
10. iris_X_train , iris_X_test , iris_y_train , iris_y_test = train_test_split(iris.data,
iris.target,test_size = 0.2)
11.
```

```
12.  # 研究和计算
13.  knn = KNeighborsClassifier()                    # 创建 kNN
14.  knn.fit(iris_X_train, iris_y_train)             # 训练
15.
16.  print("预测",knn.predict(iris_X_test))
17.  print("实际",iris_y_test)
18.  print('准确率: %.2f' % knn.score(iris_X_test, iris_y_test))
```

运行结果如下:

```
预测[1 0 2 1 0 2 2 1 1 2 1 0 0 1 0 0 1 2 2 2 2 0 1 2 0 0 2 1 1]
实际[1 0 2 1 0 2 2 1 1 2 1 0 0 1 0 0 1 2 2 1 2 2 0 2 2 0 0 2 1 1]
准确率: 0.93
```

可以看出,kNN 的准确率真的比其他算法准确率高很多,几乎有 93% 的测试数据正确预估出来,但为什么准确率不是 100%? 这个程序判别出来的预测结果,还是会和实际有一些不一样,在实际的机器学习中很难会出现 100%,这就是数理统计实际的情况,改善的方法是需要再补充大量的数据,让准确率再更精准一点。

教学视频

## 第 21 章

机器学习算法

——k-means 平均算法

21.1 k-means 数学介绍

k-平均算法(k-means clustering)原本是用作信号处理的一种向量量化方法,现在则更多是作为一种聚类分析方法,流行于数据探勘领域。k-平均聚类的目的:把 n 个点的训练样本分到 k 个聚类中,使得每个点都属于离它最近的均值和聚类中心所对应的聚类,也就是中心点,以之作为聚类的标准。聚类基本上就是依照"物以类聚"的方式,也可以想成,相似的东西有着相似的特征,所以相同种类的数据应该是非常类似。

注意:k-means 与 kNN 是没有任何关系的两种算法。

已知观测集 $(x_1, x_2, \cdots, x_n)$,其中每个观测都是一个 d-维实向量,k-means 要把这 n 个观测划分到 k 个集合中($k \leqslant n$),使得组内平方和最小。换句话说,它的目标是找到满足以下公式的聚类 S_i。

$$\underset{S}{\arg\min} \sum_{i=1}^{k} \sum_{x \in S_i} \| x - \mu_i \|^2$$

其中,μ_i 是 S_i 中所有点的均值。

再用刚刚的橙子和柠檬的例子来看 k-means 算法。通过以下程序,首先准备这两种水果的资料,分别用 1. x 和 2. x 来表示,并且在图表上用黄色和绿色来表示。

【实例 143】 01-kmeans-Mat.py

```
1.  import matplotlib.pyplot as plt
2.  import numpy as np
3.  X = np.array([[1,1],[1.1,1.1],[1.2,1.2] [2,2], [2.1,2.1], [2.2,2.2]])   # 训练数据
4.  y = [1,1,1, 0,0,0]                                                       # 标签答案
5.  plt.axis([0, 3, 0, 3])                                                   # 绘图
6.  plt.plot(X[:3,0], X[:3,1], 'yx')                                         # 黄色点
7.  plt.plot(X[3:,0], X[3:,1], 'g.')                                         # 绿色点
```

```
8.   plt.ylabel('H cm')                              # 显示 H cm 文字
9.   plt.xlabel('W cm')                              # 显示 W cm 文字
10.  plt.legend(('A','B'),  loc = 'upper right')     # 显示 A B 文字
11.  plt.show()                                      # 显示图表
```

运行结果如图 21-1 所示。

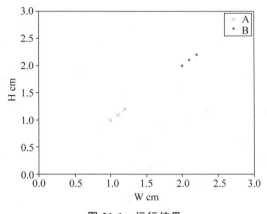

图 21-1　运行结果

教学视频

21.2　sklearn 的 k-means 类

k-means 主要是计算同一类的数据，计算出该类的平均中心点位置，主要函数 KMeans
功能如下：

```
sklearn.cluster.KMeans(n_clusters = 8, init =        k - means   ', n_init = 10, max_iter = 300,
tol = 0.0001, precompute_distances = 'auto', verbose = 0, random_state = None, copy_x = True, n_
jobs = None, algorithm = 'auto')
```

KMeans 函数在使用时有两个地方需要注意：
- 需要在初始的时候告诉系统有几类数据。比如，有两种数据就需要写成 KMeans(n_
clusters＝2)。
- 训练的时候 kmeans.fit(X)不需要标签 Y。

【实例 144】 02-kmeans-Lemon.py

```
1.  …                                                    # 导入函数库,省略
2.  from sklearn.cluster import KMeans                    # 导入 KMeans 函数库
3.  from sklearn import metrics
4.  X = np.array([[1,1],[1.1,1.1],[1.2,1.2],
5.      [2,2], [2.1,2.1], [2.2,2.2]])
6.  y = [1,1,1,
7.      0,0,0]
8.  kmeans = KMeans(n_clusters = 2, random_state = 0)     # KMeans 指定两类数据
9.  kmeans = kmeans.fit(X)                                # 进行训练
10. print("集群中心的坐标: ",kmeans.cluster_centers_)      # 取得集群中心的坐标
11. print("预测: ",kmeans.predict(X))                     # 预测
12. print("实际: ",y)                                     # 真实的答案
13. print("预测 [1, 1],[2.3,2.1] : ",kmeans.predict([[1, 1],[2.3,2.1]]))  # 预测数据
14. plt.axis([0, 3, 0, 3])                                # 用图片显示
15. plt.plot(X[:3,0], X[:3,1], 'yx')                      # 黄色点
16. plt.plot(X[3:,0], X[3:,1], 'g.')                      # 绿色点
17. plt.plot(kmeans.cluster_centers_[:,0], kmeans.cluster_centers_[:,1], 'ro')  # 中心
18. plt.xticks(())
19. plt.yticks(())
20. plt.show()
```

运行结果(图 21-2):

```
集群中心的坐标:[[2.1 2.1]  [1.1 1.1]]
预测:[1 1 1 0 0 0]
实际:[1, 1, 1, 0, 0, 0]
预测 [1, 1],[2.3,2.1]:[1 0]
```

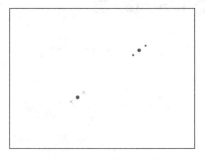

图 21-2　运行结果(见彩插)

该实例故意让特征 Features 设置为 3 个等比例的数据,所以这两类的 k-means 都会在第二条的位置,其目的就是让读者知道 k-means 的算法就是在求中心点的位置。再次提醒做训练 kmeans.fit(X)的时候,没有用到标签答案 Label。

教学视频

21.3　k-means 实战案例

本节将使用 k-means 分析法来判别鸢尾花的种类。k-means 通过平均的方法可以以丛聚的方式将数据分类，但因为在训练时 kmeans.fit(iris_X_train) 并没有放入标签答案，所以程序在预测之后，会有需要将答案对调的问题发生。

【实例 145】　03-Iris-kmeans.py

```
1.  …                                        ＃ 导入函数,省略
2.  iris = datasets.load_iris()              ＃ 取得鸢尾花的数据
3.  iris_X_train , iris_X_test , iris_y_train , iris_y_test    = train_test_split(iris.data,
iris.target,test_size = 0.2)                 ＃ 拆分训练与测试数据
4.  kmeans     = KMeans(n_clusters = 3)       ＃ k - means 算法,3 类标签
5.  kmeans_fit = kmeans.fit(iris_X_train)     ＃ 训练,没有标签答案
6.  print("实际",iris_y_train)                ＃ 显示标签答案
7.  print("预测",kmeans_fit.labels_)          ＃ 显示预测答案
8.  ＃调整标签的数字
9.  iris_y_train[iris_y_train == 1] = 11
10. iris_y_train[iris_y_train == 0] = 1
11. iris_y_train[iris_y_train == 11] = 0
12. print("调整",iris_y_train)                ＃ 显示调整后的预测
13. score = metrics.accuracy_score(iris_y_train,kmeans.predict(iris_X_train))
14. print('准确率: {0:f}'.format(score))      ＃ 显示准确率
```

运行结果：

```
实际 [2 1 2 2 1 2 0 2 0 0 1 0 2 1 0 2 0 1 0 0 2 1 2 2 1 2 0 0 2 1 0 0 2 2 2 1 0
 0 1 1 1 2 2 2 0 1 1 2 0 1 1 0 0 2 0 0 0 2 1 2 0 0 0 0 2 1 0 1 0 1 1 1 1 0
 2 0 1 1 0 0 1 1 1 1 2 0 1 1 2 1 0 0 1 1 2 2 2 0 2 0 1 1 1 1 1 1 2 2 2 2
 2 2 2 1 1 2 0 2 0]
预测 [0 0 0 2 0 2 1 2 1 1 0 1 2 0 1 0 1 0 1 1 0 0 2 2 0 0 1 1 2 0 1 1 2 2 2 0 1
 1 0 0 0 2 2 2 1 2 0 2 1 0 0 1 1 2 1 1 1 1 2 0 1 1 1 1 2 0 1 0 1 0 1 0 0 0 0 1
 0 1 0 0 1 1 0 0 0 0 2 1 0 0 2 0 1 0 0 0 0 0 0 0 0 0 0 0 2 2 2 0
 2 2 0 0 0 0 1 2 1]
调整 [2 0 2 2 0 2 1 2 1 1 0 1 2 1 1 0 1 2 1 0 1 1 2 0 2 2 0 2 1 1 2 0 1 1 2 2 2 0 1
 1 0 0 0 2 2 2 1 0 0 2 1 0 0 1 1 2 1 1 1 1 2 0 2 1 1 1 1 2 0 1 0 1 0 0 0 0 1]
```

```
2 1 0 0 1 1 0 0 0 0 2 1 0 0 2 0 1 1 0 0 2 2 2 1 2 1 0 0 0 0 0 0 0 2 2 2 2
 2 2 2 0 0 2 1 2 1]
准确率: 0.900000
```

从这个实例来看,k-means 的准确率为 90%,其实相当不错,但比较麻烦的是,很难预测分类出来的标签和实际的标签答案之间的关系,并在程序最后需要做一个转换的动作。但需注意的是,k-means 每次预测的所对应的标签数字都会不一致,所以读者在执行此程序的时候,可多运行几次。

教学视频

21.4　k-means 实战案例图形化呈现结果

本节延续上一个鸢尾花的分类,将 k-means 预测出来的结果通过图形化的方法显示在画面上,并且不同的分类将会用不同的颜色表示。因为图形表格只有两个维度 X 和 Y,所以该程序只有将特征值的第一个和第二个分别当成表格中 X 和 Y 的位置,第三个和第四个特征值虽然在计算时会使用,但显示图片的时候就不使用。

【实例 146】　04-Iris-kmeans-Slipt.py

```
1.  …                                              # 导入函数,省略
15. iris = datasets.load_iris()                     # 取得鸢尾花的数据
16. iris_X_train , iris_X_test , iris_y_train , iris_y_test  = train_test_split(iris.data,
iris.target,test_size = 0.2)                        # 拆分训练与测试用数据
17. kmeans  = KMeans(n_clusters = 3)                 # k - means 算法,3 类标签答案
18. kmeans.fit(iris_X_train)                         # 训练
19. y_predict = kmeans.predict(iris_X_train)         # 预测答案
20.
21. iris_y_train[iris_y_train == 11] = 0
22. print("调整",iris_y_train)                        # 显示调整后的预测
23. score = metrics.accuracy_score(iris_y_train,kmeans.predict(iris_X_train))
24. print('准确率:{0:f}'.format(score))               # 显示准确率
25.
26. x1 = iris_X_train[:, 0]                          # 鸢尾花花萼长度
27. y1 = iris_X_train[:, 1]                          # 鸢尾花花萼宽度
28. plt.scatter(x1,y1, c = y_predict, cmap = 'viridis') # 画每一条的位置
29. centers = kmeans.cluster_centers_                # 每个分类的中心点
```

```
30. plt.scatter(centers[:, 0], centers[:, 1], c = 'black', s = 200, alpha = 0.5);    # 中心点
31. plt.show()                                          # 显示图片
```

运行结果如图 21-3 所示。

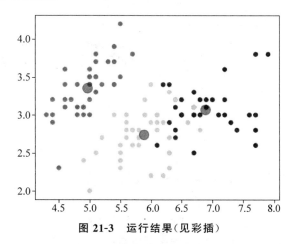

图 21-3 运行结果（见彩插）

教学视频

## 第 22 章

机器学习算法

——决策树算法

22.1　决策树数学介绍——Gini 系数

　　决策树(Decision Tree)是通过一连串的决策,分出不同结果所组成的树状图。决策树是用来创建 SOP 并辅助决策的一种特殊的树结构。决策树经常在公司营运上使用,它帮助员工通过事实做出不同的决定,特别是在决策解析中,它能帮助确定一个最可能达到目标的策略。

　　决策树所需要的套件包安装如下。

　　(1) Windows 操作系统下安装。

```
pip install graphviz
pip install pydot
pip install python - graphviz
```

　　(2) Mac 操作系统下安装。

```
pip install graphviz
pip install pydot
pip install python - graphviz
```

　　决策树创建时,在数学上需要先完成 Gini(基尼)系数,用于评估数据集中分割的分数,如果趋近零,说明决策树已切分得很好。计算 Gini 系数前,需要先计算 Entropy,公式如下:

$$\text{Gini: Gini}(E) = 1 - \sum_{j=1}^{c} P_j^2$$

$$\text{Entropy: H}(E) = - \sum_{j=1}^{c} P_j \log P_j \sum_{c \in X} P(c) E(c)$$

【实例 147】　01-DecisionTree.py

```
1.  def gini_index(groups, classes):
```

```
2.      sumSample = float(sum([len(group) for group in groups]))   # 计算分割点的所有样本
3.      gini = 0.0                                                    # 每组的加权 Gini 系数
4.      for group in groups:
5.          size = float(len(group))
6.          if size == 0:                                              # 避免除以零
7.              continue
8.          score = 0.0                                    # 根据每个班级的分数对该组进行评分
9.          for class_val in classes:
10.             p = [row[-1] for row in group].count(class_val) / size
11.             score += p * p
12.         gini += (1.0 - score) * (size / sumSample)   # 通过相对尺寸对组得分进行加权
13.     return gini
14.
15. # 计算 Gini
16. print(gini_index([[[1, 1], [1, 0]], [[1, 1], [1, 0]]], [0, 1]))
17. print(gini_index([[[1, 0], [1, 0]], [[1, 1], [1, 1]]], [0, 1]))
```

运行结果:

```
0.5
0.0
```

教学视频

22.2　sklearn 的 DecisionTreeClassifier 决策树

以下将使用决策树依照同学的身高、体重来判别性别。准备 6 位男女学生的身高和体重数据,并且把它们放置到 NumPy 矩阵中。本节将会使用 sklearn 类来达到决策树的使用和判断。

在这个函数库中,已经完成复杂的 Gini 和熵 Entropy 计算及数据的切割动作,编程者只需要将该函数直接调用和调整参数,就可以使用决策树。

在 sklearn 中通过 sklearn. tree. DecisionTreeClassifier 的决策树算法,经过训练后,依照学生身高和体重来预测性别。

首先,这个函数的使用方法如下:

```
class sklearn. tree. DecisionTreeClassifier(criterion = 'gini', splitter = 'best', max_depth =
None, min_samples_split = 2,...)
```

- criterion：内置支持的标准是基尼系数的"gini"和熵"entropy"。
- splitter：切割的方法，如 splitter＝'best'。
- max_depth：几层的决策树。
- min_samples_split：最少切割样本的数量。

【实例 148】 02-DecisionTree.py

```
1.  from sklearn import tree
2.  import matplotlib.pyplot as plt
3.  import numpy as np
4.
5.  X = np.array([[180, 85],[174, 80],[170, 75],        # 训练数据－男
6.       [167, 45],[158, 52],[155, 44]])               # 训练数据－女
7.  Y = np.array(['man', 'man','man','woman', 'woman',  'woman'])  # 训练答案
8.
9.  clf = tree.DecisionTreeClassifier()                 # 决策树函数
10. clf = clf.fit(X, Y)                                 # 训练
11. prediction = clf.predict([[173, 76]])              # 预测
12. print(prediction)
13.
14. #绘图
15. plt.plot(X[:3,0], X[:3,1], 'yx')                    # 黄色 X
16. plt.plot(X[3:,0], X[3:,1], 'g.')                    # 绿色点
17. plt.plot([173], [76], 'r^')                         # 预测,红色点
18. plt.ylabel('W')                                     # X 的标签
19. plt.xlabel('H')                                     # Y 的标签
20. plt.legend(('man','woman'),   loc = 'upper left')   # 显示文字
21. plt.show()                                          # 显示图表
```

运行结果(图 22-1)：

```
['man']
```

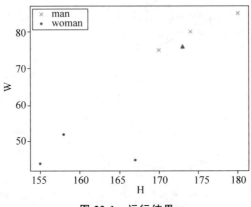

图 22-1   运行结果

教学视频

22.3　决策树图形化呈现结果

其实,决策树最重要的就是把决策的结果以树状化呈现出来。在这里通过图形化输出工具 pydot 类,并延续实例 148,将决策树预测出来的结果以图形化的方法显示并存储到图片中。

【实例 149】　03-DecisionTree.py

```
1.   import numpy as np
2.   from sklearn import tree
3.   from sklearn.externals.six import StringIO
4.   import pydot
5.
6.   X = np.array([[180, 85],[174, 80],[170, 75],        # 训练数据－男
7.       [167, 45],[158, 52],[155, 44]])                 # 训练数据－女
8.   Y = np.array(['man', 'man','man','woman', 'woman',  'woman'])  # 训练答案
9.
10.  clf = tree.DecisionTreeClassifier()                 # 决策树函数
11.  clf = clf.fit(X,Y)                                  # 训练
12.                                                      # 输出决策树
13.  tree.export_graphviz(clf,out_file = 'tree.dot')     # 将图片转成 dot 文档
14.  dot_data = StringIO()
15.  tree.export_graphviz(clf, out_file = dot_data)      # 将 dot 图片化
16.  graph = pydot.graph_from_dot_data(dot_data.getvalue())
17.  graph[0].write_png("tree.png")                      # 存储 tree.png
```

程序运行之后会创建一个 dot 文档,通过纯文本编辑软件打开该文档之后,便会看到这一个决策树的结构。这个文档是纯文本,里面所要表达的意思为:

- 在第一个节点中会在身高小于或等于 168.5 做数据的切割。
- 而在这节点之下又分成两个答案,分别是符合这个条件和不符合这个条件。
- 符合条件的数据有[0,3],也就是前 3 条。
- 不符合条件的数据有[3,0],也就是后 3 条。

输出文档(tree.dot)(图 22-2)内容如下。

```
digraph Tree{
node [ shape = box ] ;
0 [label = "X[0] < = 168.5\ngini = 0.5\nsamples = 6\nvalue = [3, 3]"] ;
1 [label = "gini = 0.0\nsamples = 3\nvalue = [0, 3]"] ;
0 -> 1 [labeldistance = 2.5, labelangle = 45, headlabel = "True"] ;
2 [label = "gini = 0.0\nsamples = 3\nvalue = [3, 0]"] ;
0 -> 2 [labeldistance = 2.5, labelangle = - 45, headlabel = "False"] ;
}
```

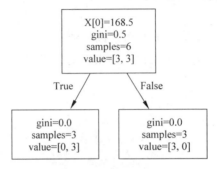

图 22-2 运行结果 tree. png

教学视频

第 23 章
CHAPTER 23

机器学习算法

——随机森林算法

23.1 随机森林算法数学原理

随机森林(Random Forest)是一种多功能的机器学习方法,在营销、医疗保健、保险等领域应用众多,也能用于预测患者的疾病风险。随机森林能够通过回归和分类处理大量数据,在建模的基础数据中有助于估计特定变量。

什么是随机森林?

随机森林几乎可以用于任何预测问题(甚至是非线性问题),这是一种相对较新的机器学习策略(它出自 20 世纪 90 年代的贝尔实验室),几乎可以用于任何事情。它属于一类被称为集成学习的机器学习算法。

集成学习涉及几种模型的组合以解决单个预测问题,它的工作原理是创建多个独立学习和预测的分类器/模型,然后将这些多个预测组合成单个预测,该预测应该与任何一个分类器的预测一样好或更好。

随机森林以第 22 章的决策树为基础,因为它依赖于决策树的集合和改良。也就是说,通过多个随机决策树找到合适的答案,并将多个好结果的决策树聚合成好的随机森林。随机森林算法将自动创建一堆随机决策树。由于树是随机创建的,所以大多数的树对于学习分类/回归问题(可能是 99.9% 的树)都没有意义,然后在这些树中找到最棒的结果,聚合成一个好的随机森林,其数学原理如图 23-1 所示。

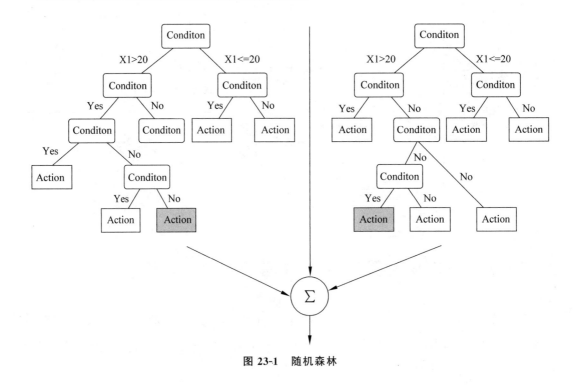

图 23-1　随机森林

23.2　随机森林函数

使用方法如下：

```
sklearn.ensemble.RandomForestClassifier(...)              # 随机森林函数
```

常用的参数功能如下所述。

- n_estimators：整数，默认为10，森林里的树木数量。
- max_depth：整数，树的最大深度。
- min_samples_split：整数，拆分内部节点所需的最小样本数。
- min_samples_leaf：整数，叶子节点所需的最小样本数。
- n_jobs：整数，预测并运行的多运行树数量。
- random_state：整数，是随机数创建器使用的种子。

实例150使用随机森林来预测和训练男女同学。

【实例150】　01-RandomForestClassifier.py

```
1.  from sklearn.ensemble import RandomForestClassifier    # 导入随机森林
2.  import numpy as np                                      # 导入随机森林
```

```
3.
4.  X = np.array([[180, 85],[174, 80],[170, 75],        ♯ 训练数据为男
5.       [167, 45],[158, 52],[155, 44]])                ♯ 训练数据为女
6.  Y = np.array(['man','man','man','woman', 'woman',  'woman'])  ♯ 训练答案
7.
8.  RForest = RandomForestClassifier(n_estimators = 100, max_depth = 10,
9.       random_state = 2)                              ♯ 随机森林,使用 100 组,深度 10 层
10. RForest.fit(X, Y)                                   ♯ 训练
11. print(RForest.predict([[180, 85]]))                 ♯ 预测
```

运行结果：

```
Man
```

教学视频

23.3　随机森林图形化

为了让结果可以视觉化,通过 sklearn. datasets 的 make_classification 数据库创建器函数创建数据库,并且通过以下的程序将随机森林的结果图形化,让创建的图形更有挑战性。

```
sklearn.datasets.make_classification(...)
```

常用的参数如下所述。

- n_samples：整数,样本数量。
- n_features：整数,几个特征值。
- n_informative：整数,几个答案类。
- n_redundant：整数,随机数。
- shuffle：布尔,是否随机数据。

【实例 151】　02-RandomForest-Image. py

```
1.  from sklearn.ensemble import RandomForestClassifier   ♯ 导入随机森林
2.  import numpy as np                                     ♯ 导入随机森林
3.  from sklearn.datasets import make_classification       ♯ 导入数据库创建器
4.  X, Y = make_classification(n_samples = 10,             ♯ 数据创建 10 条数据
```

```
5.                              n_features = 3,          # 每条有 3 个特征值
6.                              n_informative = 2,       # 有 2 种答案
7.                              n_redundant = 0,         # 过剩值 0 个
8.                              random_state = 0,        # 随机创建
9.                              shuffle = True)          # 用随机数排列数据
10. RForest = RandomForestClassifier(n_estimators = 100, max_depth = 10,
11.                     random_state = 2)                # 随机森林使用 100 组,深度 10 层
12. RForest.fit(X, Y)                                    # 训练
13. print(model.feature_importances_)                    # 各类答案的出现比例
14. print(model.predict([[0,0,0]]))                      # 预测
15. # 随机森林结果图形化
16. estimator = model.estimators_[5]                     # 评估
17. from sklearn.tree import export_graphviz
18. export_graphviz(estimator, out_file = 'tree.dot',    # 输出文本 'tree.dot'
19.                 feature_names = ["A","B","C"],        # 3 个特征值名称
20.                 class_names = ["0","1"],              # 2 种答案名称
21.                 rounded = True, proportion = False,   # 显示比例
22.                 precision = 2, filled = True)         # 精确设置
```

运行后会创建 tree.dot 文件,可以使用文字编辑软体(如 PyCharm)打开其内容。

```
digraph Tree {
node [shape = box, style = "filled, rounded", color = "black", fontname = helvetica] ;
edge [fontname = helvetica] ;
0 [label = "A <= 1.59\ngini = 0.42\nsamples = 8\nvalue = [3, 7]\nclass = 1", fillcolor =
"#399de592"] ;
1 [label = "B <= 0.91\ngini = 0.47\nsamples = 7\nvalue = [3, 5]\nclass = 1", fillcolor =
"#399de566"] ;
0 -> 1 [labeldistance = 2.5, labelangle = 45, headlabel = "True"] ;
2 [label = "gini = 0.0\nsamples = 3\nvalue = [3, 0]\nclass = 0", fillcolor = "#e58139ff"] ;
1 -> 2 ;
3 [label = "gini = 0.0\nsamples = 4\nvalue = [0, 5]\nclass = 1", fillcolor = "#399de5ff"] ;
1 -> 3 ;
4 [label = "gini = 0.0\nsamples = 1\nvalue = [0, 2]\nclass = 1", fillcolor = "#399de5ff"] ;
0 -> 4 [labeldistance = 2.5, labelangle = -45, headlabel = "False"] ;
}
```

整理之后的随机森林的结果如图 23-2 所示。

最后通过下面的 DOS 指令,将 tree.dot 文本转换成 tree.png。

```
dot -Tpng  tree.dot  -o  tree.png  -Gdpi = 600
```

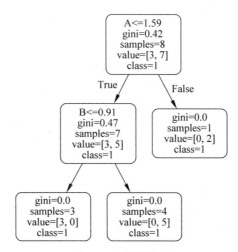

图 23-2 运行结果

教学视频

## 第 24 章

机器学习算法
——贝叶斯分类器

24.1 贝叶斯分类器数学原理

贝叶斯(Bayes)定理是概率论中的一个定理,它与随机变量的条件概率以及边缘概率分布有关。在有些关于概率的解释中,贝叶斯定理能够告知我们如何利用新证据修改已有的看法。

贝叶斯定理自 20 世纪 50 年代已广泛研究,在 20 世纪 60 年代初就引入到文字信息检索中,仍然是文字分类的一种热门(基准)方法。文字分类是以词频为特征判断文件所属类型或其他(如垃圾邮件、合法性、新闻分类等)的问题。

贝叶斯定理:事件 A 在事件 B(发生)的条件下的概率,与事件 B 在事件 A(发生)的条件下的概率是不一样的。然而,这两者是有确定关系的,贝叶斯定理就是这种关系的陈述。贝叶斯公式的一个用途在于通过已知的三个概率函数推出第四个。

作为一个普遍的原理,贝叶斯定理对于所有概率的解释是有效的。然而,频率主义者和贝叶斯主义者对于"在应用中,某个随机事件的概率该如何被赋值?"这个问题有不同的看法:频率主义者根据随机事件发生的频率,或者总体样本里面发生的个数来赋值概率;贝叶斯主义者则根据未知的命题来赋值概率,这样的理念导致贝叶斯主义者有更多的机会使用贝叶斯定理。

$$P(A \mid B) = \frac{P(A) \times P(A \mid B)}{P(B)}$$

也可写成:

$$P(A \mid B) = \frac{P(A \bigcap B)}{P(B)}$$

其中,$P(A|B)$ 是指在事件 B 发生的情况下事件 A 发生的概率。在贝叶斯定理中的意思为:

- $P(A|B)$ 是已知 B 发生后 A 的条件概率,也由于得自 B 的取值而被称作 A 的后验概率。

- $P(A)$是 A 的先验概率(或边缘概率)。之所以称为"先验",是因为它不考虑任何 B 方面的因素。
- $P(B|A)$是已知 A 发生后 B 的条件概率,也由于得自 A 的取值而被称作 B 的后验概率。
- $P(B)$是 B 的先验概率或边缘概率。
- $A \bigcap B$ 意思是 A 和 B 的交集。
- $P(A \bigcap B)$交集的数量。

按照这些术语,贝叶斯定理可表述为:

$$后验概率=(似然性×先验概率)/标准化常量$$

也就是说,后验概率与先验概率和相似度的乘积成正比。另外,比例 $P(B|A)/P(B)$ 有时也被称作标准似然度(standardised likelihood),贝叶斯定理可表述为:

$$后验概率=标准似然度×先验概率$$

举个例子:投掷一颗六面骰子,样本空间为 $\Omega=\{1,2,3,4,5,6\}$,假设:$A=\{1,2\}$表示掷出的点数小于 3,$B=\{2,4,6\}$表示掷出点数为偶数,因为 $A \bigcap B=\{2\}$ 和 B 的交集只有数字 2,数量是一个,所以 $P(A \bigcap B)$出现的概率为 1/6,$A\{1,2\}$数量有 2 个,所以 $P(A)$出现 A 的概率为 2/6,$B\{2,4,6\}$数量有 2 个,所以 $P(B)$出现 B 的概率为 3/6。

在已知事件 B 发生的情况下,一个事件 A 发生的概率称为条件概率。

$$P(A \mid B) = \frac{P(A) \times P(A \mid B)}{P(B)} = \frac{P(A \bigcap B)}{P(B)} = (1/6)/(3/6) = 1/3$$

相反的,在已知事件 A 发生的情况下,一个事件 B 发生的概率称为条件概率

$$P(B \mid A) = \frac{P(B) \times P(B \mid A)}{P(A)} = \frac{P(B \bigcap A)}{P(A)} = (1/6)/(2/6) = 1/2$$

贝叶斯分类器是以贝叶斯定理为基础的算法的总称。

24.2　贝叶斯分类器实战案例

本章将以柠檬和橙子为例,把柠檬当成分类 A,把橙子当成分类 B,通过 Sklearn. naive_bayes 的 GaussianNB 来训练和预测。

```
sklearn.naive_bayes.GaussianNB (priors = None, var_smoothing = 1e - 09)   # Bayes 函数
```

常用的参数功能如下所述。

- priors:矩阵,shape $=$[n_samples,n_features]为训练数据,其中 n_samples 的样本数和 n_features 是特征的数量。
- smoothing:浮点数,所有要素的最大方差部分,添加到计算稳定性的差异中。
- min_samples_split:整数,拆分内部节点所需的最小样本数。

实例 152 使用贝叶斯分类器来预测和训练柠檬和橙子。

【**实例 152**】 01-Bayes.py

```
1.   from sklearn.naive_bayes import GaussianNB          # 贝叶斯分类器
2.   import numpy as np
3.   # 训练数据
4.   X = np.array([[9,9],[9.2,9.2],[9.6,9.2],[9.2,9.2],[6.7,7.1],[7,7.4],[7.6,7.5], # 橙子
5.       [7.2,10.3], [7.3,10.5], [7.2,9.2], [7.3,10.2], [7.2,9.7], [7.3,10.1], [7.3,10.1]])
                                                          # 柠檬
6.   Y = np.array([1,1,1,1,1,1,1, 2,2,2,2,2,2,2])          # 训练答案
7.
8.   model = GaussianNB()
9.   model.fit(X,Y)                                        # 训练
10.  print(model.class_prior_ )                           # 每个分类的概率
11.  print(model.get_params() )                           # 获取此估算工具的参数
12.
13.  x_test = np.array([[8,8],[8.3,8.3]])                  # 预测
14.  predicted = model.predict(x_test)                    # 预测[1 1]
15.  print(predicted)
16.  print(model.predict_proba(x_test))
```

运行结果：

```
[0.5 0.5]
{'
priors': None}
[1 1]
[[1.00000000e + 00 2.30884236e - 53]
[1.00000000e + 00 2.06520637e - 99]]
```

所以,预测出[[8,8],[8.3,8.3]]的答案为[1 1],也就是都是橙子,所以预测正确。
[[1.00000000e+00 2.30884236e-53][1.00000000e+00 2.06520637e-99]]也就是接近
为[[1 0][1 0]],意思是：第一条预测橙子的概率为100%,柠檬的概率为0,而第二条的预
测也是一样的,为100%与0。

教学视频

24.3 贝叶斯分类器图形化

为了让结果可视化,采用以下程序,可以更清晰地看到贝叶斯分类器的结果,延续刚刚
的程序并且添加绘图的效果。

【实例 153】 02-Bayes-matplotlib.py

```
1.   …
2.   import matplotlib.pyplot as plt
3.   plt.plot(X[:7,0], X[:7,1], 'yx')              ♯黄色 X
4.   plt.plot(X[7:,0], X[7:,1], 'g.')              ♯绿色点
5.   plt.plot(x_test[:,0],x_test[:,1], 'r^')       ♯红色三角点
6.   plt.ylabel('W')                              ♯显示 Y 文字
7.   plt.xlabel('H')                              ♯显示 X 文字
8.   plt.legend(('Lemon','Citrus'),   loc = 'upper left')    ♯显示文字
9.   plt.show()                                   ♯显示图片
```

运行结果如图 24-1 所示,橙子为黄色叉号,柠檬为绿色圆圈,而要预测的测试数据为红色三角形。

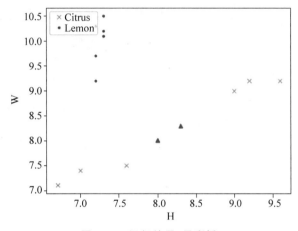

图 24-1　运行结果(见彩插)

教学视频

24.4　numpy.meshgrid 方法

本节延续之前的实例,通过自我预测的数据训练方式,找出可能性和概率,从原本的训练数据中找出两条数据之间的分界线。需要先了解三个重要函数：numpy.Ravel(),numpy.linspace()和 np.meshgrid。

- numpy.Ravel()的功能是把多维度的矩阵数据转成一个维度。
- numpy.linspace()的功能是把区间的数字依照固定比例输出。
- numpy.meshgrid(x,y)的功能是假设 x 是长度为 m 的向量,y 是长度为 n 的向量,则最终生成的矩阵 X 和 Y 的维度都是 n×m。

通过以下实例,先了解这三个函数的功能。

【实例 154】 03-Bayes-np.py

```
1.   ...                                              # 省略
2.   t1 = np.array([[1, 2],[3, 4]])                   # 转成一维
3.   print(t1.ravel())                                # 输出为[1, 2, 3, 4]
4.   t2 = np.linspace(0, 10, 3)                        # 等分
5.   print(t2)                                         # 输出为[ 0.  5. 10.]
6.   t3 = np.linspace(0, 10, 2)                        # 等分
7.   print(t3)                                         # 输出为[ 0. 10.]
8.   t4,t5 = np.meshgrid(t2,t3)                        # 调整矩阵 X 和 Y 的维度都是 n×m
9.   print(t4)                                         # 输出为[[ 0.  5. 10.][ 0.  5. 10.]]
10.  print(t5)                                         # 输出为[[ 0.  0.  0.] [10. 10. 10.]]
11.  t4,t5 = np.meshgrid(t3,t2)                        # 调整矩阵 X 和 Y 的维度都是 n×m
12.  print(t4)                                         # 输出为[[ 0. 10.][ 0. 10.][ 0. 10.]]
13.  print(t5)                                         # 输出为[[ 0.  0.][ 5.  5.][10. 10.]]
14.  t6 = np.c_[np.array([1,2,3]), np.array([4,5,6])]  # 并置
15.  print(t6)                                         # 输出为[[1, 4],[2, 5],[3, 6]]
```

运行结果:

```
[1 2 3 4]
[ 0.  5. 10.]
[ 0. 10.]
[[ 0.  5. 10.] [ 0.  5. 10.]]
[[ 0.  0.  0.][10. 10. 10.]]
[[ 0. 10.][ 0. 10.][ 0. 10.]]
[[ 0.  0.][ 5.  5.][10. 10.]]
[[1 4][2 5][3 6]]
```

教学视频

24.5　贝叶斯分类器圈选出分类的范围

为了要找出两条数据的分界线,需要先找出所有数据的最大值和最小值,即 x_min、x_max、y_min、y_max。适当地加上 0.5 使区间数据稍微大一点,通过 linspace 和 meshgrid 把这个区间做一个 30×30 等距的切割,然后送到之前所训练出的结果中,就能够得到 30×30 区间的数据及分类概率,并通过 plt.contour 绘制出来。

plt.contour 的功能为画出等高线,通过 plt.contour(xx, yy, $-$Z1, $[-0.5]$, colors = 'k')找出$-$Z1 的答案为$[-0.5]$的位置(柠檬和橙子的机会为 50∶50),并画出连接线。

【实例 155】 04-Bayes-matplotlib-contour.py

```
1.  …                                                 #省略
2.  x_min = X[:, 0].min() - .5
3.  x_max = X[:, 0].max() + .5
4.  y_min = X[:, 1].min() - .5
5.  y_max = X[:, 1].max() + .5
6.  xx, yy = np.meshgrid(np.linspace(x_min, x_max, 30),
7.                       np.linspace(y_min, y_max, 30))   #分割 30×30 个位置
8.  Z = model.predict_proba(np.c_[xx.ravel(), yy.ravel()])  #预测区域中每一个区间位置
9.  Z1 = Z[:, 0].reshape(xx.shape)                       #调整矩阵
10. plt.contour(xx, yy, - Z1, [ - 0.5], colors = 'k')    #找出该区间答案用黑色绘制
11. plt.savefig('myBayes.png', bbox_inches = 'tight')    #存储图片
12. plt.show()                                           #显示绘制图片
```

运行结果如图 24-2 所示。

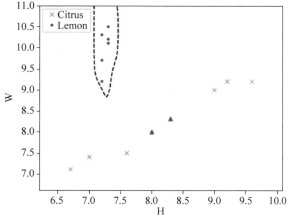

图 24-2　运行结果(见彩插)

推荐用调试工具看一下 Z1 的数据内容,如图 24-3 所示,会看到把数据切割成 30×30 的区域,针对每一个分类 0 的概率,然后找出 -0.5 的位置,圈出分类。

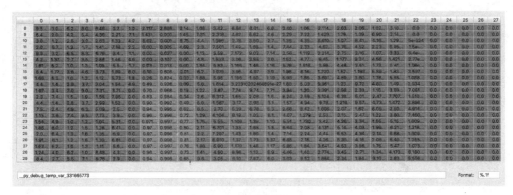

图 24-3　计算结果

教学视频